Schriftenreihe der Bundesanstalt für Arbeitsschutz

— Forschung —
Fb Nr. 518

Rheinisch-Westfälischer
Technischer Überwachungsverein e. V.
Essen

J. Bocklenberg
E. Kriegeskorte
E. Bier

Sicherung von Einzelarbeitsplätzen

Dortmund 1987

Diese Schrift hat den Projektabschlußbericht „Einsatzanalysen von technischen Einrichtungen zur Sicherung von Einzelarbeitsplätzen" zum Inhalt.

Bearbeiter:　　　　Dipl.-Psych. Joachim Bocklenberg
　　　　　　　　　　Dipl.-Psych. Ernst Kriegeskorte
　　　　　　　　　　Dipl.-Ing. Edgar Bier

　　　　　　　　　　Rheinisch-Westfälischer TÜV e. V.
　　　　　　　　　　Postfach 10 32 61
　　　　　　　　　　4300 Essen 1

Herausgeber:　　　Bundesanstalt für Arbeitsschutz
　　　　　　　　　　Postfach 17 02 02
　　　　　　　　　　4600 Dortmund 1

Druck und Verlag:　Wirtschaftsverlag NW
　　　　　　　　　　Verlag für neue Wissenschaft GmbH
　　　　　　　　　　Postfach 10 11 10
　　　　　　　　　　2850 Bremerhaven 1
　　　　　　　　　　Telefon (04 71) 4 60 93 - 95

　　　　　　　　　　ISBN 3-88 314-669-2

Kurzreferat

Der Bericht basiert auf dem Forschungsbericht Nr. 326
"Technische Einrichtungen zur Sicherung von Einzelarbeitsplätzen" (1982) der Bundesanstalt für Arbeitsschutz. Über
die aus der "pilot-study" abgeleiteten offenen Fragen wird
in dieser Arbeit referiert.*

In einer Literaturanalyse wird über den Stand der Bemühungen
um die Sicherung von Einzelarbeitsplätzen im Ausland berichtet.
Auf Arbeiten aus Frankreich und Schweden wird besonders ein-
gegangen.

Eine empirische Erhebung in Klein-, Mittel- und Großbetrieben
innerhalb der Bundesrepublik läßt eine recht verläßliche
Aussage über Art und Häufigkeit von Einzelarbeitsplätzen
und deren diverse Sicherungsvarianten zu.

Demnach können wir davon ausgehen, daß in der Bundesrepublik
Deutschland ca. 40.000 nach den gesetzlichen Bestimmungen
zu sichernde Einzelarbeitsplätze in den beschriebenen Wirtschaftszweigen existieren, von denen etwa 3/4 in Betrieben
mit 20 bis 199 Mitarbeitern angesiedelt sind.

Bei einer sehr vorsichtigen Abschätzung vorhandener Einzelarbeitsplätze in den Kleinbetrieben mit bis zu 19 Mitarbeitern
kann man von einer Größenordnung ausgehen, die bei ca. 90.000
Einzelarbeitsplätzen liegen dürfte.

Vor- und Nachteile der einzelnen Sicherungsarten werden
auch hinsichtlich ihrer praktischen Bewährung diskutiert.

Darüber hinaus wird ein Katalog von Mindestanforderungen an
die technischen Personensicherungssysteme aufgestellt.
Nicht zuletzt werden dem Praktiker Entscheidungshilfen für
die Wahl einer geeigneten Sicherungsart angeboten.

*Siehe hierzu auch Berichtsreihe Forschungsanwendung Fa 6
 "Sicherung von Einzelarbeitsplätzen
  - Beispielsammlung"

Schlagwörter
Einzelarbeitsplatz
Sicherheitseinrichtung

Summary

This report is based on the Research Report No. 326 "Technical
Facilities for the Safety of Isolated Places of Work" (1982)
issued by the Bundesanstalt für Arbeitsschutz (Federal Institute
for Work Safety). It deals with the questions left open by the
pilot study. *

In a literature analysis, a report is given on the current
state of work to ensure the safety of isolated work places
abroad. Special attention is paid to studies from France
and Sweden.

An empirical survey conducted in small-scale, medium-scale
and large-scale concerns within the Federal Republic of
Germany yields quite reliable information on the type and
frequency of isolated work places and their various safety
variants.

We can, therefore, assume that in the Federal Republic of
Germany there are about 40.000 isolated work places in the
industrial sectors described which must be checked according
to the safety regulations laid down by law. Some 3/4 of these
are in concerns with a workforce of between 20 and 199
employees.

A very cautious estimate of the number of isolated work places
in small-scale concerns of up to 19 employees shows that we
can assume something in the order of 90.000 such work places.

Consideration is given to the advantages and disadvantages
of the specific types of safety measures with regard to their
value as determined in practice.

Furthermore a catalogue of minimum requirements is drawn up
with regard to the technical systems for personal safety. Not
least, decision-making aids are given for practical purposes
to assist in the selection of a suitable type of safety measure.

*See also report series: research application no. 6
 "Safety of Isolated Work Places
  - Collection of examples"

Résumé

Ce rapport est fondé sur le Rapport de Recherche No. 326, "Les
installations techniques pour la sécurité des places de travail
isolées" (1982), édité par le "Bundesanstalt für Arbeitsschutz"
(Institut Fédéral pour la sécurité des Travailleurs). Ce travail
traite des questions pendantes qui résultent de la "pilot
study". *

Dans une analyse de la littératur on fait un rapport sur l'état
des travaux à l'égard de la sécurité des places de travail
isolées à l'étranger. On traite surtout d'études faites en
France et en Suéde.

Une enquête empirique exécutée dans des petites, des moyennes et
des grandes entreprises dans la République Fédéral d'Allemagne
donne des informations sûres concernant la nature et la fréquence
de places de travail isolées et les diverses variants à l'égard
de la sécurité.

On peut donc estimer qu'il exist dans la République Fédérale
d'Allemagne environ 40.000 places de travail isolées dans les
branches industrielles définies, qu'il faut examiner selon les
règlements de sécurité légals, et dont les trois quarts à peu
près s'établissent sur une entreprise de 20 à 199 employés.

Une estimation très prudente du nombre des places de travail
isolées dans les petites entreprises avec moins de 19 employés
montre qu'il y a de l'ordre de 90.000 de telles places de
travail.

Les avantages et les désavantages des différentes sortes de
sécurité sont discutés aussi par rapport à leur utilité dans
une situation pratique.

En outre, on établit un cataloque d'exigences minimums aux
systèmes techniques de sécurité du personnel. Le rapport offre
- pour des applications pratiques - des aides de décision pour
la sélection d'une sorte de sécurité appropriée.

*Voir aussi la série des rapports: application de la Recherche n° 6
 "La sécurité des places de travail isolées
   - collection d'exemples"

Vorwort

Die vorliegende Arbeit ist der vierte und vorläufig letzte
Teil des Gesamtkomplexes, den Stand der Bemühungen um die
Sicherung von Einzelarbeitsplätzen in der Bundesrepublik
Deutschland darzulegen und zu dokumentieren. Drei Arbeiten
wurden bereits von der Bundesanstalt für Arbeitsschutz (BAU)
zu diesem Themenbereich veröffentlicht. Zum einen handelt es
sich um den Forschungsbericht Nr. 326, zum anderen, um eine
Handlungsanleitung "Personensicherungssysteme - Einzelar-
beitsplätze" (Arbeitswissenschaftliche Erkenntnisse 1/83)
und last not least um eine erst kürzlich veröffentlichte
Beispielsammlung zur Sicherung von Einzelarbeitsplätzen
(Berichtsreihe Forschungsanwendung Fa 6).

Die erste Arbeit, die als Pilot-Studie konzipiert war, wies
eine Regionalbeschränkung auf das Land Nordrhein-Westfalen
und auf Betriebe mit mehr als 500 Mitarbeitern aus. Nunmehr
konnte die Datenerhebung auf das Bundesgebiet sowie auch
auf Klein- und Mittelbetriebe ausgeweitet werden, so daß
die Gesamtergebnisse nunmehr eine höhere Repräsentanz aufweisen.

Trotz der Fülle erhobener Daten und Fakten haben wir stets
den konkreten Praxisbezug herzustellen versucht, um den
Betroffenen und Verantwortlichen Handlungs- und Entschei-
dungsimpulse anbieten zu können, wenn sie mit der Problematik eines sicherungsbedürftigen Einzelarbeitsplatzes
in ihrem Betrieb konfrontiert werden.

Auch an dieser Stelle möchten wir den Betriebsleitungen
und Sicherheitsfachkräften, die sich in großer Anzahl für
die notwendigen Datenerhebungen zur Verfügung gestellt
haben, ganz besonders herzlich danken.

Die Verfasser

Inhaltsverzeichnis

1. Zusammenfassung

Die bisherigen Erkenntnisse zum Problembereich Einzelarbeitsplätze beschränken sich auf die Ergebnisse der
"pilot-study", die im Forschungsbericht Nr. 326 der Bundesanstalt für Arbeitsschutz veröffentlicht wurde. Darin werden
die entsprechenden einschlägigen Sicherheitsvorschriften
referiert, fünf auf dem Markt befindliche Personensicherungssysteme vorgestellt. Eine Analyse der Art und Häufigkeit von
Einzelarbeitsplätzen beschränkte sich auf den Bereich
Nordrhein-Westfalen und auf Betriebe mit mehr als 5oo Mitarbeitern.

Die nun vorliegende Arbeit stellt eine Ergänzung und Er-
weiterung der Bemühungen um eine systematische Erfassung
relevanter Sachverhalte zum Thema "Sicherung von Einzelarbeitsplätzen" dar.

Da als selbstverständlich angenommen werden kann, daß die
Problematik des Allein-Arbeitens auch in anderen Industrienationen erkannt worden ist, haben wir Arbeitsschutzorganisationen von 13 Ländern um Informationen über den jeweiligen
Erkenntnisstand in deren Land gebeten. Aus 9 Ländern bekamen
wir Antworten, wobei vorhandene Arbeiten mit zum Teil em-
pirischem Inhalt aus Frankreich und Schweden ausführlicher
beschrieben werden.

Die eigene Datenerhebung bestand darin, insgesamt 1.o69 Betrieben verschiedener Größe innerhalb des Bereiches der
Bundesrepublik Deutschland einen Fragebogen zuzusenden.
Von 314 (= 29,4 %) Betrieben erhielten wir das Material
ausgefüllt zurück. Die Auswertung, aufgeteilt in vier Betriebsgrößenklassen ließ den Trend erkennen, daß mit
steigender Mitarbeiterzahl ein Anstieg der Sicherung von
Einzelarbeitsplätzen mit technischen Systemen einhergeht.

Eine Auswertung nach Wirtschaftszweigen zeigte einen sehr
hohen Anteil von automatischen, willensunabhängigen
Sicherungssystemen in chemischen Großbetrieben.

Anhand einer Hochrechnung schätzen wir, daß in der Bundesrepublik ca. 40.000 nach den gesetzlichen Bestimmungen zu
sichernde Einzelarbeitsplätze in den beschriebenen Wirtschaftszweigen mit einer Betriebsgröße von mehr als 19 Mitarbeitern existieren.

Über die Fragebogenaktion hinaus wurden insgesamt 125 Interviews ausgewertet. Eine Analyse der Sicherung von Einzelarbeitsplätzen nach Gefährdungsgrad, Standort und Lage,
Tätigkeitsbereichen und Gefahrenquellen wird anhand des
statistischen Materials diskutiert.

Die betrieblichen Erfahrungen mit den einzelnen Sicherungsarten lassen einige Unterschiede erkennen. Akzeptanzver-
gleiche zeigen, daß die automatischen, willensunabhängigen
Systeme gegenüber den übrigen eher weniger angenommen werden.

Im folgenden wird kurz über Neu- und Weiterentwicklungen
referiert. Ein wesentliches Moment stellen im technischen
Teil darüber hinaus die sogenannten Mindestanforderungen
an die Geräte zur Sicherung allein arbeitender Personen
hinsichtlich ihrer Funktionen, Gebrauchseigenschaften sowie
des Schutzes gegen mechanische und klimatische Einwirkungen
und der Funktionssicherheit dar.

Zum Schluß werden dem Praktiker einige Entscheidungshilfen
für die Wahl der richtigen Sicherungsvariante an die Hand
gegeben, wobei auch gerade dem organisatorischen Umfeld
besondere Aufmerksamkeit geschenkt wird.

2. Einleitung

Die Berufsausübung erfolgt in nahezu allen Fällen innerhalb eines Mensch-Maschine-Umwelt-Systems. Dabei ist der Mensch unbestritten das schwächste und sensibelste Glied innerhalb dieser Kette. Die Sicherheit eines Menschen ist letztlich definiert als die Aufrechterhaltung der Unversehrtheit des menschlichen Organismus. Zur Erreichung dieses Zieles werden Unfallverhütungsmaßnahmen vorgeschrieben, deren Effizienz sich nach der Bedeutung in einer Rangordnung von Rang 1 bis 4 so beschreiben läßt:

4
Sicherheits-
psychologie

3
Persönliche
technische Schutzausrüstungen

2
Trennung von Gefahrenbereich und Mensch

1
Beseitigung objektgebundener Gefahr

Aus dieser Rangordnung wird das Primat der direkten Beseitigung von Gefahrenquellen hervorgehoben. Ist eine strikte Trennung von Gefahrenbereich und Mensch nicht möglich, sind an dritter Stelle persönliche Schutzmaßnahmen notwendig, um Gesundheitsbeeinträchtigungen zu minimieren (z. B. Gehörschutz, Sicherheitsschuhe, Schutzbrillen, Schutzhelme etc.) oder im Falle eines Unfalles eine möglichst rasche Versorgung des Verunfallten zu gewährleisten.

Gerade an Einzelarbeitsplätzen ist es sinnvoll und zum Teil
vorgeschrieben, Maßnahmen zur Sicherung von Mitarbeitern,
die allein arbeiten, zu ergreifen.

Im Jahre 1982 erschien bei der Bundesanstalt für Arbeitsschutz im Forschungsbericht Nr. 326 eine Studie über technische Einrichtungen zur Sicherung von Einzelarbeitsplätzen.
Hierin werden die bestehenden Sicherheitsvorschriften zum
Problembereich des "Alleinarbeitens" referiert. Des weiteren
werden fünf zum damaligen Zeitpunkt auf dem Markt befindliche
automatische, willensunabhängige Personensicherungssysteme
hinsichtlich ihrer Einsatzmöglichkeiten beschrieben. Die
übrigen in den einschlägigen Unfallverhütungsvorschriften
(Arbeitsstättenverordnung § 27 und Unfallverhütungsvorschrift UVV 1 § 36) vorgeschlagenen Möglichkeiten der
Sicherung von Einzelarbeitsplätzen werden bezüglich
ihrer Vorkommenshäufigkeit und insbesondere der Akzeptanz
analysiert. Die Arbeit hatte den Charakter einer Pilot-
Studie, aus der Ansätze für den nunmehr erstellten Bericht
abgeleitet wurden.

Von daher erscheint es für den Leser sinnvoll, den Bericht
Nr. 326 vorher zu bearbeiten, da einige Grundsatzüber-
legungen zur Vermeidung von Wiederholungen an dieser
Stelle nicht mehr aufgegriffen werden. Die sich aus
der Pilot-Studie ergebenden Arbeitsschritte werden als
Gliederung für diese Arbeit folgendermaßen beschrieben:

- Ausweitung der Datenerhebung über Art und Häufigkeit
  von Einzelarbeitsplätzen auf das Gebiet der Bundesrepublik Deutschland,

- Einbeziehung von Erkenntnissen aus dem Ausland
  durch Literaturanalyse,

- neue Personensicherungssysteme bzw. Darstellung von
  Weiterentwicklungen,

- Prüfung der Langzeitbewährung von Sicherungsmaßnahmen,

- Eignung von Sicherungsmaßnahmen für bestimmte Tätig-
  keitsarten und Betriebsgrößen und

- Definition von Mindestanforderungen an technische
  Personensicherungssysteme.

Immer wieder treten bezüglich der Definition der Allein-
arbeit Schwierigkeiten auf. Bei der Auslegung der einschlägigen Unfallverhütungsvorschriften ist die Varianz
der Meinungen offensichtlich extrem. Sie kann zu der Behauptung führen, niemand dürfe nach den Schutzvorschriften
allein arbeiten. Kriterium für die Notwendigkeit von Sicherungsmaßnahmen ist jedoch zunächst die gefährliche Arbeit.
Was darunter zu verstehen ist, wird exemplarisch in den
Durchführungsanweisungen zum § 36 UVV 1 ausgeführt. Dort
ist jedoch auch beschrieben, wann "einfache Arbeiten" zu
"gefährlichen Arbeiten" werden, nämlich immer dann, wenn
Arbeiten unter besonderen Umgebungsbedingungen ("gefährliche Umgebung") durchgeführt werden. Hierdurch erfährt
der Kreis zu sichernder Allein-Arbeiter eine erhebliche
Ausweitung. Die Entscheidung der Gefahreneinstufung bleibt
letztlich jedoch bei den einzelnen Betrieben selbst.

Die Notwendigkeit des Alleinarbeitens wird im Zuge weiterer
Technisierung und Rationalisierung in den Wirtschaftsbe-
trieben ansteigen. Diese Hypothese wird erhärtet durch die
in der Bundesrepublik zu erwartende Bevölkerungsentwicklung,
deren vermutlicher Verlauf im folgenden Schaubild dargestellt ist:

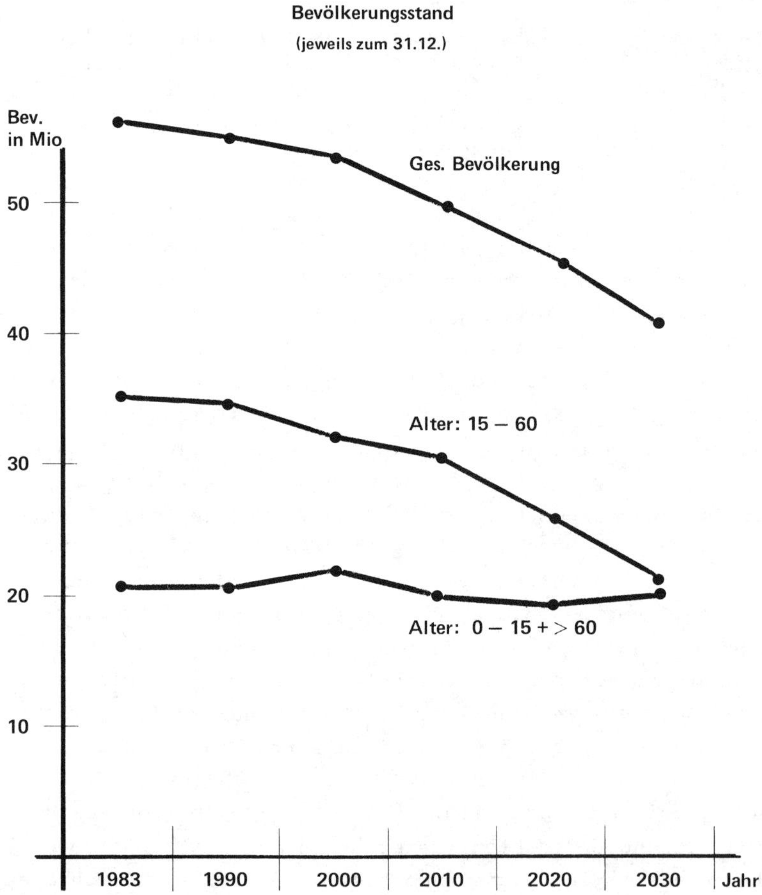

Bevölkerungsstand
(jeweils zum 31.12.)

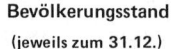

Bev.
in Mio

Ges. Bevölkerung

50

40

30

Alter: 15 – 60

20

Alter: 0 – 15 + > 60

10

| 1983 | 1990 | 2000 | 2010 | 2020 | 2030 | Jahr |

(nach Stat. Jahrbuch BRD 1985)

Bild 1: Hypothetische Bevölkerungsentwicklung in der
Bundesrepublik bis zum Jahre 2030.
(nach statistischem Jahrbuch Bundesrepublik 1985)

Fassen wir unter dieser Prämisse die weitere Zukunft ins
Auge, entsteht die Frage, wie langfristig in der Bundesrepublik der immer geringer werdende Anteil der arbeits-
fähigen Bevölkerung - das ist die mittlere Kurve der
15 - 6o-jährigen - für einen fast gleichbleibenden nicht
arbeitenden Bevölkerungsanteil - das ist die untere Kurve
der unter 15-jährigen und der über 6o-jährigen - aufkommen
soll, ohne den Weg der Automatisierung und Rationalisierung
von Arbeits- und Produktionsabläufen zu intensivieren.

Ausgehend von diesen theoretischen Überlegungen, aber
auch aufgrund von anderen Entwicklungen wie zum Beispiel
der Gleitzeitarbeit, ist es notwendig, sich mit der Tatsache des häufigen Alleinarbeitens in den Betrieben auseinanderzusetzen und eventuell notwendige Schutz- und
Sicherungsmaßnahmen nach entsprechender betrieblicher
Analyse einzurichten, aber auch diese Techniken weiterzu-
entwickeln und im Sinne einer verbesserten Akzeptanz durch
die, die damit geschützt werden sollen, zu verfeinern.

Die vorliegende Arbeit soll hierzu eine Hilfestellung geben.

3. Literaturanalyse Ausland

Die mit der zunehmenden Technisierung und Rationalisierung ein-
hergehende Schaffung von Arbeitsplätzen, an denen Menschen allein
arbeiten, hat für die Industrienationen im Ausland ähnliche
Gültigkeit wie in der Bundesrepublik. Daraus ist die Hypothese
ableitbar, daß sich entsprechende Arbeitsschutzorganisationen
dieses Problems durch Forschungsarbeiten bzw. Schaffung von
entsprechenden Sicherheitsvorschriften angenommen haben. Zur
Informationsgewinnung haben wir Arbeitsschutzorganisationen
in 13 Ländern nach den Adressen aus der "Betriebswacht 1985"
(Jahresvormerkbuch der gewerblichen Berufsgenossenschaften)
angeschrieben (deutscher Text siehe Anhang).

Von vier Organisationen (DDR, Italien, Israel, Spanien) erhielten wir kein Antwortschreiben.

Die Analyse der uns zugegangenen Materialien aus den restlichen
neun Ländern wollen wir zunächst tabellarisch darstellen; danach
werden uns wesentlich erscheinende Informationen kurz referiert.

Tabelle 1 Einzelarbeitsplatzsicherung im Ausland.

Länder	Erfahrungen	Spez. Schutzbesti.	Abgestufte Maßnahmen	Empirische Unters.
Frankreich	ja	ja	ja	ja
Schweden	ja	ja	ja	ja (Ansätze)
USA	ja	ja	ja	unb.
Belgien	ja	ja	ja	nein
Österreich	ja	ja	ja	nein
Schweiz	ja	ja	ja	nein
Luxemburg	nein	ja	nein	nein
Großbrit.	unb.	unb.	unb.	unb.
Niederlande	nein	unb.	nein	nein

Die Angaben aus Großbritannien und den Niederlanden lassen
nicht sicher den Schluß zu, daß keine speziellen Schutzbestimmungen für die Sicherung von Einzelarbeitsplätzen existieren;
die Klassifizierung dieser beiden Länder in der Tabelle ist
daher mit Vorbehalten vorgenommen worden.

In Luxemburg hat die Unfallversicherungsgenossenschaft "Allgemeine Vorschriften" herausgegeben, nach der in § 34 Maßnahmen
für "bestimmte gefährliche Arbeiten" zu treffen sind.

In der Schweiz hat nach Auskunft der Schweizerischen Unfallversicherungsanstalt das Problem der Einzelarbeitsplätze in den
letzten Jahren dadurch eine gewisse Bedeutung erhalten, daß
sich aufgrund von Gleitzeitarbeit einzelne Arbeitnehmer oft
allein an Ihrem Arbeitsplatz befinden. Die Anfragen haben
zu einer internen Arbeitsunterlage (Schacher, 1984) geführt,
in der folgende Punkte zusammengestellt sind:

- Allgemeine Kriterien (Zulässigkeit von Allein-Arbeit)
  - Definition
  - Technische Voraussetzungen
  - Organisatorische Voraussetzungen
  - Personelle Voraussetzungen

- Liste von Arbeiten, bei denen aus Regelwerken zum
  Schutze des Arbeitnehmers eine zweite Person zur
  Überwachung gefordert wird.

- Personensicherung für Einzelarbeitsplätze oder
  allein arbeitende Personen.

- Herstelleradressen für Personensicherungsgeräte.

Inhaltlich unterscheidet sich der Katalog nicht wesentlich von den in der BRD gültigen Bestimmungen (§ 36 VBG 1 mit Durchführungsbestimmung).

Übergeordnete Bedeutung hat die "Verordnung über die Unfallverhütung (VUV) vom 19.12.83, in der in Artikel 8 (Vorkehren bei Arbeiten mit besonderen Gefahren) ausgeführt wird:

> Der Arbeitgeber darf Arbeiten mit besonderen Gefahren nur Arbeitnehmern übertragen, die entsprechend ausgebildet sind. Wird eine gefährliche Arbeit von einem Arbeitnehmer allein ausgeführt, so muß ihn der Arbeitgeber überwachen lassen.

In Österreich liegt nach Auskunft der Allgemeinen Unfallversicherungsanstalt bisher kein Datenmaterial über Einzelarbeitsplätze vor. In einer "Allgemeinen Arbeitnehmerschutzverordnung" vom 11.o3.1983 wird in § 57 Abs. 3 auf Einzelarbeitsplätze Bezug genommen:

> (3) Sofern Arbeiten von einem Arbeitnehmer allein ausgeführt werden und für diesen mit einer besonderen Gefahr verbunden sind, muß eine wirksame Überwachung dieses Arbeitnehmers sichergestellt sein. Die Überwachung kann durch Ausführen der Arbeiten in Sichtweite einer anderen Person, durch Beaufsichtigen des Arbeitnehmers durch Kontrollgänge in kurzen Zeitabständen oder durch Personenüberwachungsanlagen, wie Fernsprech-, Fernseh-, Gegensprech-, Funk-, Notruf- oder Alarmanlagen, erfolgen.

Die Literaturhinweise aus den USA waren wenig ergiebig. Außer der schon im Forschungsbericht Nr. 326 der BAU genannten Arbeit wurden Analysen neueren Datums nicht genannt.

In Belgien wurde am 24.o5.1975 (veröffentlicht im Belgischen Staatsblatt) in den Allgemeinen Schutzbestimmungen der ART 54 mit folgendem Wortlaut eingefügt (deutsche Übersetzung aus De Wel, 1982):

1. Jeder Arbeiter, der <u>allein</u> beschäftigt ist, verfügt
   über <u>Alarm-Mittel</u>, die den Umständen entsprechen.

2. Keine Arbeit, die <u>unter gefährlichen Bedingungen</u> aus-
   zuführen ist, darf einem Arbeiter allein anvertraut
   werden.

Der Inhalt des Artikels wird nach De Wel (1982) schematisch so
dargestellt:

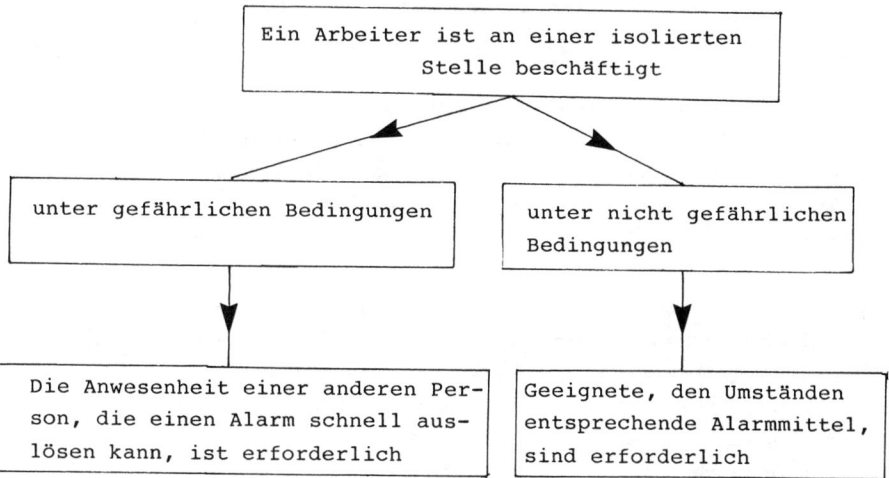

Zu den im Artikel 54 unterstrichenen Begriffen gibt De Wel
einige Erklärungen. So wird das "Allein-Arbeiten" definiert
als Tätigkeit, die gleichzeitig außer Sicht- und Hörweite
von anderen durchgeführt wird. Als <u>Alarmmittel</u> wird jedes
Mittel definiert durch das ein Arbeiter auf sich aufmerksam
machen oder um Hilfe rufen kann wie Telefon, Radiotelefon,
tragbares Funkgerät, Hupe, Klingel, Pfeife usw.. De Wel fordert
eine experimentelle Untersuchung über die Wirksamkeit der
spezifischen Alarmmittel. Eine Anpassung an die jeweiligen
Umstände sei selbstverständlich notwendig.

Unter gefährlichen Bedingungen versteht man ...... jede
Situation, in der Gefahren durch Stürze, Verbrennung, Ohn-
macht, Feuer, elektrischen Schlag, Vergiftung oder schwere
Unfälle durch das Nichtvorhandensein von kollektiven Schutz-
mitteln wesentlich verschlimmert wird.

Es wird dann eine Reihe von Arbeitsbedingungen beschrieben,
die als gefährlich - differenziert nach Tätigkeit und
Umgebung - eingestuft sind und immer eine zweite Person
erfordert. Diese Arbeiten würden wir als "gefährliche Einzelarbeitsplätze" definieren.

In Schweden erschien 1982 (AFS 1982:3) vom Nationalen
Ministerium für Arbeitssicherheit und Gesundheit "eine" Be-
stimmung, die sich auf Sicherungsregeln bei Allein-Arbeit
bezieht. Darin werden allgemeine Prinzipien für Arbeiter festgelegt, die in räumlicher (fysiska) oder sozialer (sociala)
Isolierung von anderen tätig sind. Die räumliche Isolierung
ist dabei definiert als eine Situation, in der nur durch
technische Kommunikationsmittel (z. B. Telefon, Funk u. ä.)
Kontakt zu Mitarbeitern aufgenommen werden kann. Die soziale
Isolierung impliziert, daß man nicht mit Hilfe und Unter-
stützung durch andere - obgleich in der Nähe - in kritischen
Situationen rechnen kann.

Daraus leiten sich die folgenden Aufgaben für die Verantwortlichen eines Betriebes ab:

1. Analyse und fundierte Begründung für die Errichtung
   eines Einzelarbeitsplatzes unter Berücksichtigung der
   psycho-physischen Arbeitsbedingungen.

2. Eignungsfeststellung und Ausbildung des Einzelarbeiters.

3. Genaue Information des Arbeiters über die Arbeitsab-
   wicklung.

4. Bei gefährlicher Einzelarbeit muß eine schnelle Rettung im Störfall gewährleistet sein.

5. Ist keine akzeptable Sicherung durch andere Mittel möglich, muß eine <u>zweite Person</u> hinzugezogen werden.

Aus einer schriftlichen Mitteilung des schwedischen Ministeriums für Arbeitssicherheit und Gesundheit besteht seit 1979 ein systematischer Versuch, das Unfallgeschehen an Einzelarbeitsplätzen zu erfassen.

Es wurde für alle Arbeitsunfälle ein Fragebogen entwickelt, der u. a. die Frage an die Betroffenen enthält, ob der Unfall während einer Einzelarbeit geschehen sei oder nicht.

Interessanterweise wurde diese Frage in etwa 35 % der Fälle nicht beantwortet, so daß Erkenntnisse über das Unfallgeschehen an Einzelarbeitsplätzen daraus nicht zu ziehen sind. In diesem Zusammenhang wird von schwedischer Seite auf die Unsicherheiten einer klaren Definition von Einzelarbeitsplätzen verwiesen.

Ob diese Informationen über den Stand in Schweden vollständig sind, muß angesichts allgemeiner Hinweise in anderer ausländischer Literatur über die fortgeschrittene Entwicklung in Schweden offen bleiben.

In <u>Frankreich</u> existiert kein umfassendes Regelwerk über die Überwachung der Allein-Arbeit. Gleichwohl gibt es verschiedene Sondervorschriften sowohl im "Arbeitsgesetz" als auch im "Gesetz über die Sozialversicherung".

Exemplarisch seien hier die Empfehlungen des "Nationalen technischen Ausschußes der Industrien für Steine und feuerfeste
Erden" vom 13.o6.1984 referiert (Übersetzung aus dem französischen: Recommandation No. R 252):

1. Mit Ausnahme der Tätigkeiten, die von isoliert ar-
   beitendem Personal in Heimarbeit erledigt werden, ist
   für jeden Betrieb oder jede Baustelle eine Liste
   derjenigen Arbeitsplätze aufzustellen, die gleichzeitig die beiden folgenden Merkmale aufweisen:

   - Isoliertheit

   - Gefahrencharakter oder Bedeutsamkeit für die
     Sicherheit des übrigen Personals

2. Dafür sorgen, daß die so erfaßten Arbeitsplätze Tag
   und Nacht direkt oder indirekt überwacht werden können.
   Falls eine nächtliche Überwachung fehlt, den betreffen-
   den Arbeitsplatz dem beschäftigten Teil durch Verwendung
   von Fernsteuerungs- oder Fernüberwachungsverfahren
   und -einrichtungen näherbringen:

   - sei es durch Einrichtung eines Rundgangsystems

   - sei es dadurch, daß dem isolierten Personal geeignete
     Fernmeldeeinrichtungen zur Verfügung gestellt werden,
     die seine Verbindung zu einem anderen Arbeiter oder
     einer anderen Arbeitsgruppe bzw. einem ständig be-
     setzten Platz sicherstellen oder aber eine Verbindung
     zur Notdienststelle des Betriebs oder der Baustelle
     bzw. zu einer beliebigen öffentlichen Spezialdienst-
     stelle (Feuerwehr, SAMU - Dienststelle für dringende
     ärztliche Hilfe - usw.)

3. Für jeden, der einen Arbeitsplatz innehat, welcher für
   die Sicherheit der anderen Arbeiter von entscheidender
   Bedeutung ist, einen Vertreter vorsehen, der aus den
   Mitarbeitern ausgewählt wird. Dieser soll entsprechend
   ausgebildet sein und sein üblicher Einsatzbereich soll
   in unmittelbarer Nähe zu dem Einsatzort des zu ver-
   tretenden Kollegen liegen oder über ein beliebiges
   Fernübertragungsmittel an diesen angekoppelt sein.

Auf Veranlassung diverser Träger wurde eine empirische Untersuchung mit dem Zweck durchgeführt

- das Ausmaß des Phänomens "Einzelarbeitsplatz" zu
  beurteilen,

- die Art der Probleme selbst sowie die bei der Isolierung enstehenden Gefahren zu erläutern, um Vor-
  beugungsmaßnahmen vorzuschlagen, die sowohl die organisatorischen und materiellen als auch die menschlichen Gesichtspunkte der Arbeitssituation abdecken.

Es existiert keine einheitliche Definition für "isolierte
Arbeit". Am ehesten für die Praxis akzeptiert wird eine Definition aus der chemischen Industrie: "Eine Person ist als isolierter Arbeiter anzusehen, wenn sie sich meistens länger als
eine Stunde außer Sicht- und Rufweite der anderen Arbeiter befindet. Bei sehr gefährlichen Arbeiten kann sich jedoch der
Begriff Einzelarbeiter auf Zeiträume von wenigen Minuten er-
strecken."

Die Untersuchung konzentrierte sich auf das gemeinsame Auftreten von

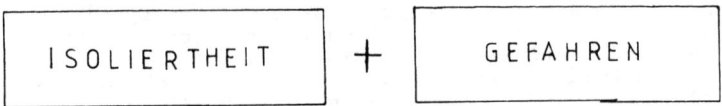

ISOLIERTHEIT + GEFAHREN

und zwar nach folgendem Analyseschema:

Bild 2:   Entwurfsskizze für die Analyse der Arbeitssituation

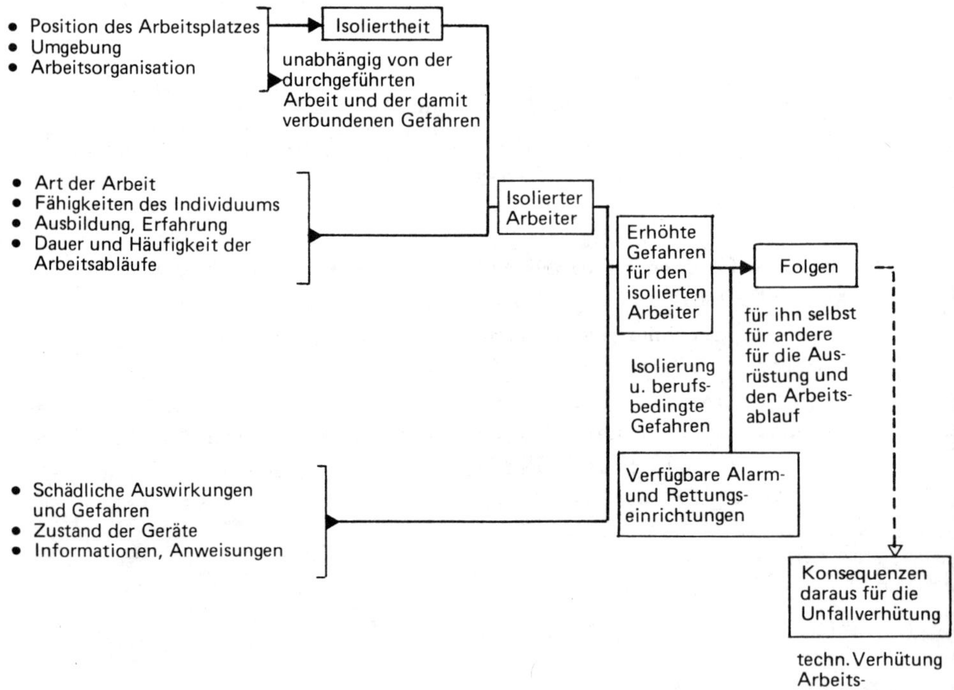

- Position des Arbeitsplatzes
- Umgebung
- Arbeitsorganisation

Isoliertheit

unabhängig von der durchgeführten Arbeit und der damit verbundenen Gefahren

- Art der Arbeit
- Fähigkeiten des Individuums
- Ausbildung, Erfahrung
- Dauer und Häufigkeit der Arbeitsabläufe

Isolierter Arbeiter

Erhöhte Gefahren für den isolierten Arbeiter

Isolierung u. berufsbedingte Gefahren

Folgen

für ihn selbst
für andere
für die Ausrüstung und den Arbeitsablauf

- Schädliche Auswirkungen und Gefahren
- Zustand der Geräte
- Informationen, Anweisungen

Verfügbare Alarm- und Rettungseinrichtungen

Konsequenzen daraus für die Unfallverhütung

techn. Verhütung
Arbeitsorganisation
Verwaltung des Personals

In diesem Schema ist der erste Faktor "Isoliertheit" ausschließlich bestimmt durch die Position des Arbeitsplatzes
im Betrieb, durch die Umgebung und die Organisation der
Arbeit, unabhängig von der Art der Arbeit und den damit
verbundenen Gefahren.

Der "isolierte Arbeiter" ist außer durch seinen isolierten
Arbeitsplatz bestimmt durch die Art der Arbeit, durch seine
eigenen Fähigkeiten, seine Ausbildung und Erfahrung, die
Dauer und Häufigkeit des Arbeitsablaufes usw..

Beide Komplexe auf der linken Seite des Schaubildes bilden
das je nach Einzelarbeitsplatz unterschiedliche Gefahrenpotential für den isolierten Arbeiter mit den Folgen, die
für die Art der Unfallverhütung daraus zu ziehen sind:
Vorsorge z. B. durch technische Verhütung oder/und Nachsorge
durch verfügbare Alarm- und Rettungseinrichtungen.

Wenn im folgenden noch einige Ergebnisse der französischen
Arbeit genannt werden, muß allerdings darauf hingewiesen
werden, daß sie sich im weitesten Sinne auf eine Population
isoliert arbeitender Personen beziehen, die sich nach einer
Umfrage selbst als solche bezeichnet haben und nicht nach
dem vorgestellten Analyseschema auf die Gruppe beschränkt
ist, in denen die Kriterien "Isoliertheit" und "Gefahrenpotential" gleichzeitig vorkommen.

Nach diesem Kriterium wird die Häufigkeit isolierter Arbeiter in Handel und Industrie mit 5 % = 37o.ooo angegeben.

Bei Einbeziehung des öffentlichen Sektors und der Landwirtschaft wird der Anteil auf 6,4 % = 47o.ooo Beschäftigte geschätzt.

Das Durchschnittsalter beträgt LA = 5o gegenüber LA = 43 der übrigen Beschäftigten.

Dem Geschlecht nach sind 8o % männlich.

Der Anteil von isoliert Beschäftigten ist von der Betriebsgröße abhängig. Klein- und Mittelbetriebe haben relativ mehr Einzelarbeitsplätze als größere Betriebe.

Hinsichtlich der Unfallhäufigkeit werden folgende Tendenzen angegeben:

1. Es besteht kein Bezug zum Berufsalter,

2. es besteht ein Bezug zu geringerer beruflicher Qualifikation und zu unvorhergesehenen Nebentätigkeiten außerhalb der Hauptaufgabe (z. B. bei der Behebung von Störungen).

Abschließend halten wir das von Lievin/Krawsky (1985) dar-
gestellte Ablaufschema zur Entstehung eines Arbeitsunfalls
am Einzelarbeitsplatz für sehr interessant:

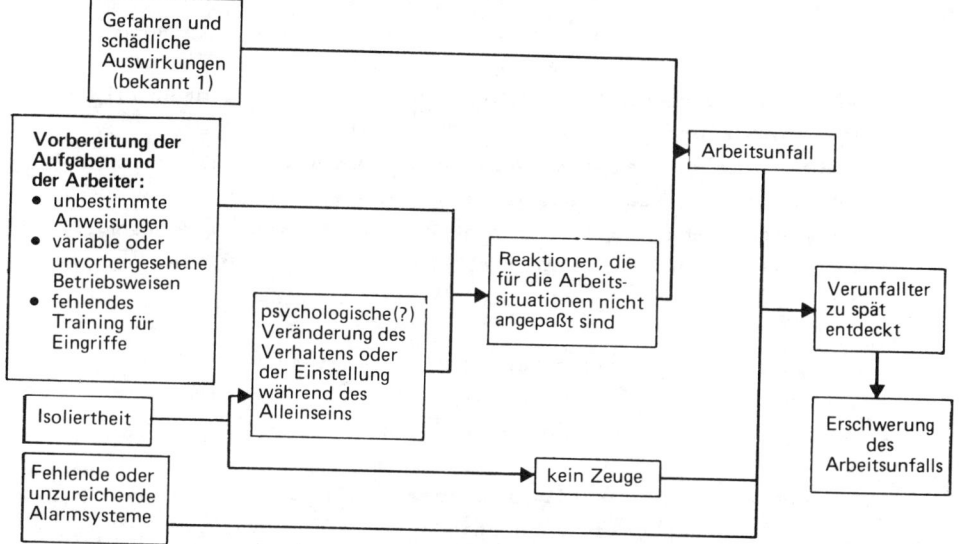

Bild 3: Mögliche Rolle der Isoliertheit bei der
        Entstehung und Schwere des Arbeitsunfalls
        (aus Lievin/Krawsky 1985)

Die Autoren weisen hin auf die bedeutende Rolle der ....
"mangelnden Anpassung des Arbeitsplatzes und seiner Umgebung
und vor allem das Fehlen von Informationen und Arbeitsvorbe-
reitung im Unfallgeschehen des Einzelarbeitsplatzes."

Die Literaturanalyse zeigt einen Anstieg an Schutzbestimmungen und eine intensivere Auseinandersetzung mit den
Problemen des "Allein-Arbeitens" in den letzten Jahren
nach 1980.

Die klar hervorgetretenen Definitions- und Abgrenzungsschwie-
rigkeiten in den einzelnen Ländern lassen den Wunsch nach einem
einheitlichen EG-Regelwerk aufkommen.

4. Vorkommen von Einzelarbeitsplätzen in Betrieben und deren Sicherung

In unserer Pilot-Studie (Forschungsbericht der BAU Nr. 326) von 1982 war die Datenerhebung auf den Bereich Nordrhein-Westfalen und auf Betriebe mit mehr als 5oo Mitarbeitern beschränkt worden. Eine Hochrechnung auf die Gesamtanzahl etwa vorhandener Einzelarbeitsplätze in der Bundesrepublik Deutschland war bei dem ausgelesenen Datenmaterial nur unzureichend möglich. Nunmehr sind wir aufgrund der neuen Erhebung in der Lage, eine exaktere Abschätzung vorzunehmen, wobei Klein- und Mittelbetriebe mit einbezogen werden konnten.

Die Datenerhebung wurde bewußt mit dem gleichen Fragebogen (siehe Anhang I) wie in der Pilot-Studie vorgenommen, um vergleichbare Ergebnisse zu erhalten.

Aus dem unten dargestellten Datenmaterial leitete sich der zweite Analyseschritt, das standardisierte Interview mit den Betrieben ab, die laut Fragebogenerhebung über Einzelarbeitsplätze verfügen. Aus den Interviews erhielten wir Aufschlüsse über die konkreten Erfahrungen mit den diversen Sicherungsvarianten in praktischer, organisatorischer und zum Teil technischer Hinsicht. Aufgetretene Mängel und Probleme der Akzeptanz werden vergleichend dargestellt.

4.1 Auswertung des Fragebogens

Es wurden insgesamt N = 1.069 Betriebe aus den Bereichen der Industrie- und Handelskammern Kiel, Bremen, Hannover, Münster, Frankfurt, Main, Karlsruhe, Stuttgart und München angeschrieben. Wir beschränkten uns allerdings weiterhin auf Betriebe, die den Berufsgenossenschaften II bis XIII zuzuordnen sind.

Von den 1o69 angeschriebenen Betrieben haben 365 (= 34,1 %)
geantwortet; verwertbar im Sinne unserer Fragestellungen
waren die Fragebogen-Rücksendungen von 314 Betrieben
(= 29,4 %). Die Rücklaufquote ist damit geringfügig
niedriger als bei der Befragung aus dem Jahre 1981. Wir
haben aus diesem Grund herauszufinden versucht, ob die
Betriebsgröße einen Einfluß auf die Beantwortung bzw.
Nichtbeantwortung des Fragebogens hatte.

Tabelle 2   Rücklaufquoten der Fragebogenaktion, differen-
            ziert nach drei Betriebsgrößen (MA = Mitarbeiter-
            zahl)

MA	Anzahl Betriebe	Anteil %	Antworten	Anteil %	Rücklauf %
≤ 5o	221	2o,7	65	2o,7	29,4
5o-499	673	63,o	175	55,7	26,o
≥ 5oo	174	16,3	74	23,6	42,5
Summe	1.o69	1oo,o	314	1oo,o	29,4

Zur Erklärung der unterschiedlichen %-Angaben sei angemerkt,
daß sich die "Anteil-%" jeweils auf die Gesamt-Summe in der
jeweiligen Spalte beziehen (z. B. 221 : 1.o69 = 2o,7 %),
während die "Rücklauf-%" sich auf das Verhältnis zwischen
den angeschriebenen Betrieben und den Beantwortungen innerhalb der einzelnen Betriebsgrößen bezieht (z. B. 65 : 221 =
29,4 %).

Aus diesen Prozentangaben geht deutlich hervor, daß die Rücklaufquote bei den Großbetrieben erheblich über der der
Klein- und Mittelbetriebe liegt. Eine statistische Prüfung
mit dem chi-^{2}-Test ergab eine Unterschiedssignifikanz auf dem
1%-Niveau ($X^2 = 13,1$ bei 2 Freiheitsgraden: $p \stackrel{<}{-} 0,01$).

Erwähnt werden muß noch die ungewöhnlich - und im weiteren
nicht mehr gebräuchliche - Drei-Klasseneinteilung der Betriebsgrößen. Hierzu waren wir aus rein pragmatischen
Gründen gezwungen, weil die einzelnen Industrie- und
Handelskammern ihren herausgegebenen Adressenlisten
völlig unterschiedliche Klasseneinteilungen zugrundelegen.
Einige differenzieren zum Beispiel zwischen 5o - 1oo,
1oo - 299 sowie 3oo - 5oo Mitarbeitern, andere haben nur
eine Klasseneinteilung von 5o - 199 bzw. 2oo - 5oo Mitarbeitern usw.. Uns schien die gewählte Einteilung für
diese Fragestellung jedoch ausreichend.

4.1.1 Die Sicherungsarten an Einzelarbeitsplätzen in Abhängigkeit von der Betriebsgröße

Wir haben die Rücklaufdaten in Betriebsgrößenklassen
aufgeteilt, die denen der staatlichen Gewerbeaufsicht
und auch der gewerblichen Berufsgenossenschaften entspricht, weil nur auf dieser Basis auch eine Schätzung
der Häufigkeit von Einzelarbeitsplätzen in der Bundesrepublik möglich war.

Tabelle 3   Sicherung von Einzelarbeitsplätzen in Abhängigkeit von der Betriebsgröße

		Betriebsgröße (nach Mitarbeitern)				
		1 – 19	20 – 199	200–999	> 1.000	Summe
Anzahl Betriebe		19	167	79	49	314
Anzahl Eap		6	108	76	302	492
Art der Sicherung	Sicht-weite	3	71	19	66	159
	Kontroll-gänge	3	18	20	53	94
	Telefon	0	10	14	42	66
	autom. System	0	3	20	109	132
	Sonstige	0	6	3	32	41
Summe Mitarbeiter		187	14.265	32.679	230.675	277.806

Zur Veranschaulichung und zum besseren Vergleich werden
die Prozentanteile der Häufigkeit von Einzelarbeitsplätzen
dargestellt, bezogen auf die Mitarbeiterzahl sowie die
einzelnen Sicherungsarten.

Tabelle 4   Relative Häufigkeit der Einzelarbeitsplätze
             und deren Sicherung (in Prozentangaben)

		Betriebsgröße (nach Mitarbeitern)				
		1 – 19	20 – 199	200–999	> 1.000	Summe
Summe Eap/ Mitarbeiter		3,21	0,80	0,23	0,13	0,18
Art der Sicherung	Sichtweite	50,0	65,6	25,0	21,9	32,3
	Kontrollgänge	50,0	16,7	26,3	17,5	19,1
	Telefon	–	9,3	18,4	13,9	13,4
	autom. System	–	2,8	26,3	36,1	26,8
	Sonstige	–	5,6	3,9	10,6	8,4

Die Prozentangaben in der Reihe "Summe Eap/Mitarbeiter"
belegen den hohen relativen Anteil von Einzelarbeitsplätzen
in Kleinbetrieben, wenn man nur die Zahl der Mitarbeiter
zugrundelegt. Die Berechnung erfolgte aus der vorherigen
Tabelle, indem die Anzahl der Eap in Beziehung gesetzt
wurde zur Summe der Mitarbeiter (zum Beispiel 6/187 $\triangleq$ 3,21 %).
Für die Kleinbetriebe ist jedoch zu berücksichtigen, daß
5o % der vorhandenen Einzelarbeitsplätze durch Herstellung
von Sichtweite zu anderen praktisch eliminiert werden.
Die Prozentanteile stellen sich graphisch so dar:

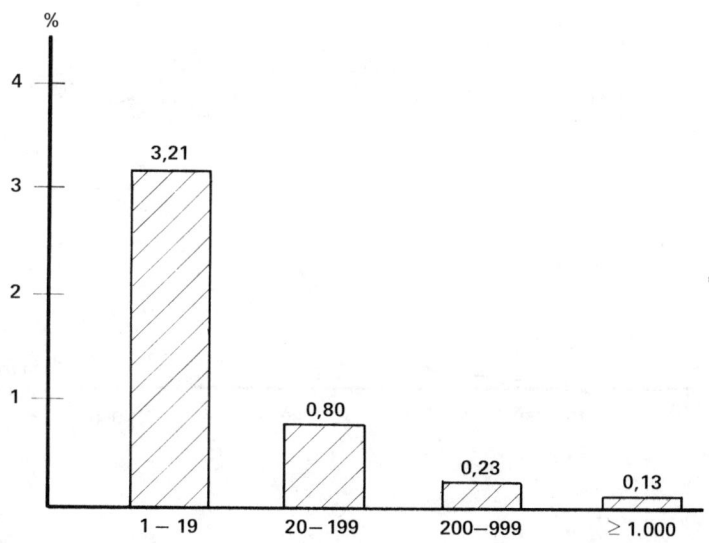

Bild 4: Relative Anzahl der Eap in Abhängigkeit von
         der Betriebsgröße

Betrachten wir den Anteil, auf welche Art die Arbeiter
an Einzelarbeitsplätzen gesichert werden, so zeigt sich
mit steigender Betriebsgröße eine Abnahme der "konventionellen" Maßnahmen (Sichtweite, Kontrollgänge, Telefon)
und in gegenläufigem Trend ein deutlicher Anstieg der
Sicherung durch technische Systeme.

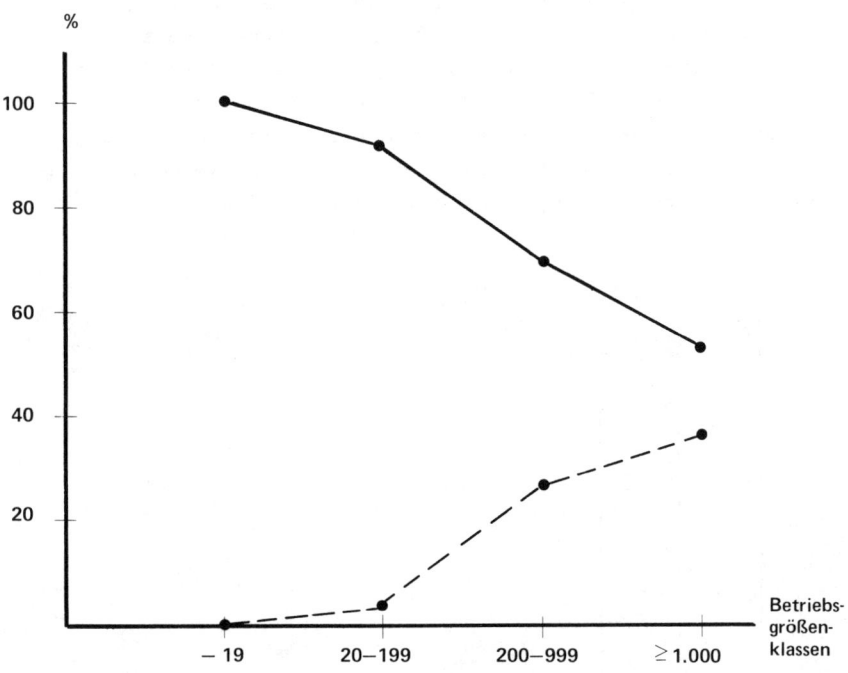

Bild 5: Relativer Häufigkeitsvergleich "konventioneller"
Sicherungsmaßnahmen (-) mit automatischen,
willensunabhängigen Systemen (---) bezogen
auf 4 Betriebsgrößenklassen

4.1.2 Differenzierte Auswertung für relevante Wirtschafts-
       zweige

Die Gesamtdatenerhebung weist einen extrem geringen Anteil
von Kleinbetrieben mit weniger als 2o Mitarbeitern auf.
Für eine weitere Differenzierung ist diese Betriebsgrößenklasse daher nicht mehr geeignet. Wir sehen uns daher gezwungen, diese Gruppe in den folgenden Abschnitten zu ver-
nachlässigen.

Aus der Durchsicht der Rohdaten boten sich für eine differenzierte Auswertung folgende Wirtschaftszweige an (Gesamtdar-
stellung siehe Anhang III).

1. Nr. IV   Eisen und Metall
            (Berufsgenossenschaften 5-9)
2. Nr. V   Feinmechanik und Elektrotechnik
3. Nr. VI   Chemie

Die übrigen Wirtschaftszweige

        Nr. II   Steine und Erden,
        Nr. III   Gas und Wasser,
        Nr. VII   Holz,
        Nr. VIII Papier und Druck,
        Nr. IX   Textil und Leder,
        Nr. X   Nahrungs- und Genußmittel,
        Nr. XI   Bau,
        Nr. XII   Handel und Verwaltung
                  (ohne BG 31 : Verwaltungs-BG)
        Nr. XIII Verkehr
                  (nur BG 32 : Straßen-, U-Bahnen und Eisen-
                  bahnen)
werden wiederum aufgrund der Stichprobengrößen unter der
Rubrik "Sonstige" subsumiert.

Tabelle 5   Absolute und relative Häufigkeiten von
             Einzelarbeitsplätzen getrennt nach Betriebs-
             größen und Sicherungsarten im Wirtschafts-
             zweig "Eisen und Metall"

| | Betriebsgrößenklassen | | | | | | | |
| | 20 – 199 | | 200–999 | | > 1.000 | | Gesamt | |
	abs.	%	abs.	%	abs.	%	abs.	%
Sichtweite	40	85,1	3	27,3	5	7,4	48	38,1
Kontrollgänge	4	8,5	3	27,3	17	25,0	24	19,1
Telefon	1	2,1	3	27,3	6	8,8	10	7,9
autom./willens-unabh. System	0	0,0	2	18,1	17	25,0	19	15,1
Sonstige	2	4,3	0	0,0	23	33,8	25	19,8
Gesamt	47		11		68		126	
Σ MA	3.800		8.864		82.630		95.294	

Tabelle 6   Absolute und relative Häufigkeiten von
            Einzelarbeitsplätzen getrennt nach Betriebs-
            größen und Sicherungsarten im Wirtschafts-
            zweig "Feinmechanik und Elektrotechnik"

	Betriebsgrößenklassen							
	20 – 199		200–999		> 1.000		Gesamt	
	abs.	%	abs.	%	abs.	%	abs.	%
Sichtweite	6	75,0	0	0,0	45	57,0	51	53,7
Kontrollgänge	2	25,0	1	12,5	10	12,7	13	13,7
Telefon	0	0,0	7	87,5	9	11,4	16	16,8
autom./willens-unabh. System	0	0,0	0	0,0	10	12,7	10	10,5
Sonstige	0	0,0	0	0,0	5	6,3	5	5.3
Gesamt	8		8		79		95	
Σ MA	758		5.812		36.064		42.634	

Tabelle 7   Absolute und relative Häufigkeiten von
Einzelarbeitsplätzen getrennt nach Betriebsgrößen und Sicherungsarten im Wirtschaftszweig "Chemie"

	Betriebsgrößenklassen							
	20 – 199		200–999		> 1.000		Gesamt	
	abs.	%	abs.	%	abs.	%	abs.	%
Sichtweite	12	63,1	13	40,6	13	9,8	38	20,8
Kontrollgänge	3	15,8	6	18,8	17	12,9	26	14,2
Telefon	1	5,3	1	3,1	19	14,4	21	11,5
autom./willens-unabh. System	1	5,3	12	37,5	81	61,4	94	51,3
Sonstige	2	10,5	0	0,0	2	1,5	4	2,2
Gesamt	19		32		132		183	
Σ MA	1.418		7.003		89.080		97.501	

Tabelle 8   Absolute und relative Häufigkeiten von
Einzelarbeitsplätzen getrennt nach Betriebs-
größen und Sicherungsarten in den übrigen
Wirtschaftszweigen

| | Betriebsgrößenklassen | | | | | | Gesamt | |
| | 20 – 199 | | 200–999 | | > 1.000 | | | |
	abs.	%	abs.	%	abs.	%	abs.	%
Sichtweite	13	38,2	3	12,0	3	13,0	19	23,2
Kontrollgänge	9	26,5	10	40,0	9	39,1	28	34,1
Telefon	8	23,5	3	12,0	8	34,8	19	23,2
autom./willens-unabh. System	2	5,9	6	24,0	1	4,4	9	11,0
Sonstige	2	5,9	3	12,0	2	8,7	7	8,5
Gesamt	34		25		23		82	
Σ MA	8.289		11.000		22.901		42.190	

Die prozentualen Anteile der Sicherungsarten bei verschiedenen Betriebsgrößen und getrennt nach relevanten
Wirtschaftszweigen sind für eine Schätzung über die Anzahl der Einzelarbeitsplätze in der Bundesrepublik von
besonderer Wichtigkeit, da sie jeweils die Hochrechnungs-
basis darstellen werden.

Besonders augenfällig ist der sehr hohe Anteil von automatischen, willensunabhängigen Systemen in Großbetrieben
der Wirtschaftszweige "Chemie" - und in geringerem Maße -
"Eisen und Metall".

4.1.3 Schätzung der Vorkommenshäufigkeit von Einzel-
arbeitsplätzen in der Bundesrepublik

Der Versuch, aus der vorliegenden Datenstichprobe eine
Schätzung über die wahrscheinliche Anzahl von Einzelarbeitsplätzen innerhalb der genannten Wirtschaftszweige
in der Bundesrepublik Deutschland vorzunehmen, ist deshalb nicht ganz problemlos, weil die Stichprobe aus einer
Fragebogenaktion stammt, die zwar vom Ansatz her - bei Ver-
sendung des Fragebogens - annähernd Repräsentanz aufwies,
deren Rücklauf jedoch nicht mehr beeinflußbar war. Wie oben
belegt, war die Antwortbereitschaft u. a. abhängig von der
Betriebsgröße.

Die Gesamtmitarbeiterzahlen für die vier Betriebsgrößenklassen und getrennt nach Wirtschaftszweigen wurden uns von
der Zentralstelle für Unfallverhütung und Arbeitsmedizin
im Hauptverband der gewerblichen Berufsgenossenschaften e.V.
freundlicherweise zur Verfügung gestellt. Nur auf der Basis
dieser Daten war eine Berechnung möglich (Datenmaterial
siehe Anhang III).

Tabelle 9   Geschätzter Anteil von Einzelarbeitsplätzen
in der Bundesrepublik im Wirtschaftszweig IV
"Eisen und Metall"

		Betriebsgrößenklassen							
		20 - 199		200-999		≥ 1.000			
Fragebogen	Eap	47		11		68			
Fragebogen	MA	3.800		8.864		82.630			
Gesamt-MA		842.355		723.192		1.358.300			
Gesamt-Eap		10.419		897		1.118		12.434	
Eap-Anteil an Sicherart		abs.	%	abs.	%	abs.	%	abs.	%
Sichtweite		8.866	85,1	245	27,3	83	7,4	9.194	73,9
Kontrollgänge		886	8,5	245	27,3	280	25,0	1.411	11,3
Telefon		219	2,1	245	27,3	98	8,8	562	4,5
autom./willens- unabh. Syst.		0	0,0	162	18,1	280	25,0	442	3,6
Sonstige		448	4,3	0	0,0	377	33,8	825	6,7

Tabelle 10   Geschätzter Anteil von Einzelarbeitsplätzen in der Bundesrepublik im Wirtschaftszweig V "Feinmechanik und Elektrotechnik"

		Betriebsgrößenklassen						
		20 - 199		200-999		≥ 1.000		
Fragebogen	Eap	8		8		79		
	MA	758		5.812		36.064		
Gesamt-MA		419.560		378.395		858.673		
Gesamt-Eap		4.428		521		1.881		6.830
Eap-Anteil an Sicherart		abs.	%	abs.	%	abs.	%	abs.	%
Sichtweite		3.321	75,0	0	0,0	1.071	56,9	4.392	64,3
Kontrollgänge		1.107	25,0	65	12,5	239	12,7	1.411	20,7
Telefon		0	0,0	456	87,5	214	11,4	670	9,8
autom./willens- unabh.Syst.		0	0,0	0	0,0	239	12,7	239	3,5
Sonstige		0	0,0	0	0,0	118	6,3	118	1,7

Tabelle 11   Geschätzter Anteil von Einzelarbeitsplätzen in der Bundesrepublik im Wirtschaftszweig VI "Chemie"

		Betriebsgrößenklassen							
		20 - 199		200-999		≥ 1.000			
Fragebogen	Eap	19		32		132			
	MA	1.418		7.008		89.080			
Gesamt-MA		160.606		221.118		456.054			
Gesamt-Eap		2.152		1.010		676		3.838	
Eap-Anteil an Sicherart		abs.	%	abs.	%	abs.	%	abs.	%
Sichtweite		1.358	63,1	410	40,6	66	9,8	1.834	47,8
Kontrollgänge		340	15,8	190	18,8	87	12,9	617	16,1
Telefon		114	5,3	31	3,1	97	14,4	242	6,3
autom./willens-unabh. Syst.		114	5,3	379	37,5	415	61,4	908	23,6
Sonstige		226	10,5	0	0,0	11	1,5	237	6,2

Tabelle 12   Geschätzter Anteil von Einzelarbeitsplätzen
              in der Bundesrepublik in den übrigen
              Wirtschaftszweigen

		Betriebsgrößenklassen						
		20 - 199		200-999		≥ 1.000		
Fragebogen	Eap	34		25		23		
	MA	8.289		11.000		22.901		
Gesamt-MA		3.075.209		1.661.300		1.140.279		
Gesamt-Eap		12.614		3.776		1.145	17.535	
Eap-Anteil an Sicherart		abs.	%	abs.	%	abs.	%	abs.	%
Sichtweite		4.819	38,2	453	12,0	149	13,0	5.421	30,9
Kontrollgänge		3.323	26,5	1.510	40,0	448	39,1	5.301	30,2
Telefon		2.964	23,5	454	12,0	399	34,9	3.817	21,8
autom./willens unabh. Syst.		744	5,9	906	24,0	49	4,3	1.699	9,7
Sonstige		744	5,9	453	12,0	100	8,7	1.297	7,4

Tabelle 13   Geschätzter Anteil von Einzelarbeitsplätzen
in der Bundesrepublik innerhalb der Wirtschaftszweige II - XIII

	Betriebsgrößenklassen							
	20 - 199		200-999		$\geq$ 1.000		Gesamt	
	abs.	%	abs.	%	abs.	%	abs.	%
Sichtweite	18.364	62,0	1.108	17,9	1.369	28,4	20.841	51,3
Kontrollgänge	5.676	19,2	2.010	32,4	1.054	21,9	8.740	21,5
Telefon	3.297	11,1	1.186	19,1	808	16,8	5.291	13,0
autom./willens- unabh. Syst.	858	2,9	1.447	23,3	983	20,4	3.288	8,1
Sonstige	1.418	4,8	453	7,3	606	12,5	2.477	6,1
Gesamt-Eap	29.613	72,9	6.204	15,3	4.820	11,8	40.637	
Σ MA	4.497.730		2.984.005		3.813.306		11.295.041	
Index 1 MA/Eap	152		480		791		278	
Index 2 Eap/MA(%)	0,66		0,21		0,13		0,36	

Am Beispiel des Wirtschaftszweiges "Chemie" wird der Be-
rechnungsmodus erläutert:

Die Daten der aus der Stichprobe stammenden Anzahl von
Einzelarbeitsplätzen und die Mitarbeiterzahl sind in
Tab. 11 abzulesen. Ebenso ergibt sich aus dieser Tabelle
der prozentuale Anteil der einzelnen Sicherungsmaßnahmen
unterteilt in die drei Betriebsgrößenklassen.

Die Gesamt-Mitarbeiterzahlen - ebenfalls getrennt nach Betriebsgrößenklassen - sind dem Anhang III zu entnehmen.

Die Schätzung der Anzahl von Einzelarbeitsplätzen von
2.152 Eap in der Betriebsgrößenklasse 2o bis 199 Mitarbeiter berechnet sich danach wie folgt:

$$\text{Summe Eap}_{2o-199} = \frac{19 \times 160.606}{1.418} = \underline{2.152}.$$

Nach den vorliegenden Prozentverteilungen auf die einzelnen
Sicherungsarten wurde eine Rückrechnung auf die wahrscheinliche absolute Anzahl vorgenommen.

$$\text{Beispiel: Sichtweite}_{2o-199 \text{ MA}} : \text{Summe Eap} = \frac{2.152 \times 63,1}{1oo} = \underline{1.358}.$$

Aus den Quersummen ergibt sich dann die absolute Häufigkeit
der Einzelarbeitsplätze, die dann wieder in Prozentanteile
umgerechnet wurden.

Die alle untersuchten Wirtschaftszweige zusammenfassende
Tabelle 13 ergibt sich aus der jeweiligen Summe der Einzeldaten (Tabellen 6/9 bis 12).

Demnach können wir davon ausgehen, daß in der Bundesrepublik
ca. 4o.ooo nach den gesetzlichen Bestimmungen zu sichernde
Einzelarbeitsplätze in den beschriebenen Wirtschaftszweigen existieren, von denen etwa 3/4 (ca. 3o.ooo) in Betrieben mit 2o bis 199 Mitarbeitern angesiedelt sind.

Beziehen wir mit gravierenden Vorbehalten wegen der Klein-
heit der Stichprobe dennoch einmal die Kleinbetriebe mit
1 - 19 Mitarbeitern nach Tabelle 3 in die Berechnungen ein,
so dürfte innerhalb dieser Kleinbetriebe mit einer Größenordnung von etwa 9o.ooo Einzelarbeitsplätzen zu rechnen
sein, von denen allerdings 5o % durch Herstellung von Sichtweite durch andere gesichert werden (Tabelle 4).

Die Prozentverteilung auf die einzelnen Sicherungsarten
weicht erheblich von der Verteilung in unserer Stichprobe
ab. Die hochgerechneten Werte dürften jedoch weitaus
realistischer sein, weil hierdurch eine Korrektur durch
die tatsächliche Anzahl von Mitarbeitern innerhalb der
einzelnen Wirtschaftszweige erfolgen konnte.

Der Index I in Tabelle 13 gibt an, auf wieviele Mitarbeiter
ein zu sichernder Einzelarbeitsplatz kommt: Je geringer
die Betriebsgröße, desto höher ist der relative Anteil von
Einzelarbeitsplätzen.

Im Index II ist dieser relative Anteil der Einzelarbeitsplätze in Abhängigkeit von der Betriebsgröße in Prozentangaben ausgedrückt.

In Abbildung 6 haben wir den relativen Anteil der einzelnen
Sicherungsarten getrennt nach den Betriebsgrößenklassen
und in ihrer Gesamtheit nochmals graphisch dargestellt.

Bild 6: Relativer Anteil (in %) der Sicherungsarten in den
Wirtschaftszweigen II - XIII

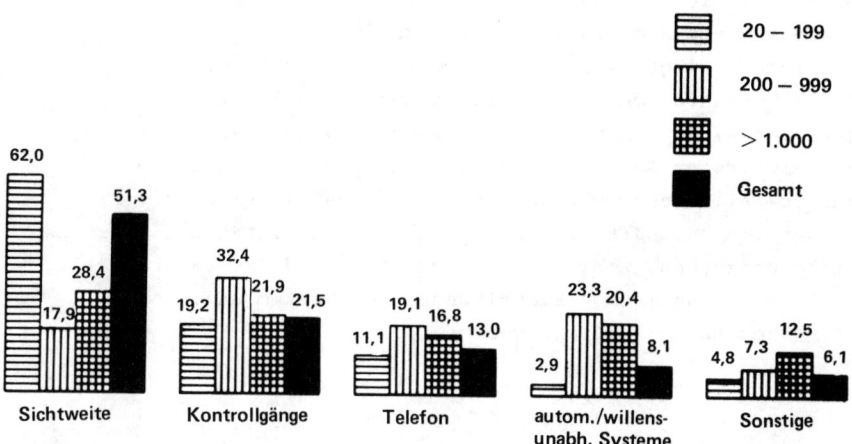

4.2 Auswertung der Interviewbogen

Nach Abschluß der Fragebogenaktion wurden diejenigen Betriebe
herausgefiltert, die angaben, über Einzelarbeitsplätze zu verfügen. Dadurch erhielten wir insgesamt 125 bearbeitete Inter-
viewergebnisse (Interviewbogen siehe Anhang I). Wir haben uns
aus Gründen der besseren Auswertbarkeit für ein "standardi-
siertes Interview" entschieden, da ein Teil der Bogen den
Firmen zugeschickt und von diesen bearbeitet an uns zurück-
gesandt wurden. Der andere Teil wurde durch direkte Befra-
gungen in den verschiedensten Betriebe erledigt, um auch eine
konkrete Einsicht in die Struktur der Einzelarbeitsplätze zu
erhalten. Die Informationsqualität durch die weitgehend
hervorragende Kooperationsbereitschaft in den besuchten
Betrieben belegt, welches Augenmerk der Sicherung
dieser gefährdeten Arbeitsplätze gerade in letzter Zeit
gewidmet wird. Wir nehmen die Auswertung in zwei Schritten
vor. Im ersten Abschnitt stellen wir eine betriebliche
Analyse aller uns relevant erscheinenden Einzeldaten vor;
im zweiten beschäftigen wir uns mit der Qualität der einzelnen
Sicherungsarten, wobei Fragen der Stör- und Reparaturanfälligkeit, der praktischen Einhaltungen der Bestimmungen sowie
der Akzeptanz diskutiert werden.

4.2.1 Analyse der Einzelarbeitsplätze in Betrieben

Dem Aufbau des Interviewbogens folgend, wurden die vorhandenen Daten klassifiziert und im einzelnen graphisch in relativen Bezugsgrößen dargestellt.

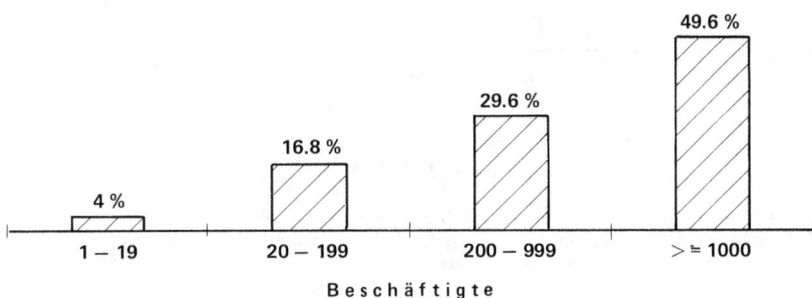

Bild 7: Relative Verteilung durchgeführter Interviews
bezogen auf vier Betriebsgrößenklassen

Eisen und Metall	20.8 %	
Feinmechanik, Elektrotechnik	18.4 %	
Chemie	26.4 %	
Papier und Druck	12.0 %	
Sonstige	22.4 %	

Bild 8: Relative Verteilung der durchgeführten Interviews
bezogen auf Wirtschaftszweige

Von den 125 analysierten Einzelarbeitsplätzen kamen 62
(= 49,6 %) aus Betrieben mit mehr als 1.ooo Mitarbeitern.
Der jeweilige Anteil an den vier Betriebsgrößenklassen
hängt direkt von der Anzahl der angegebenen Einzelarbeitsplätze ab (siehe Tabelle 3). Ebenso ist die Aufteilung
in die relevanten Wirtschaftszweige repräsentativ für das
jeweilige Aufkommen von Einzelarbeitsplätzen.

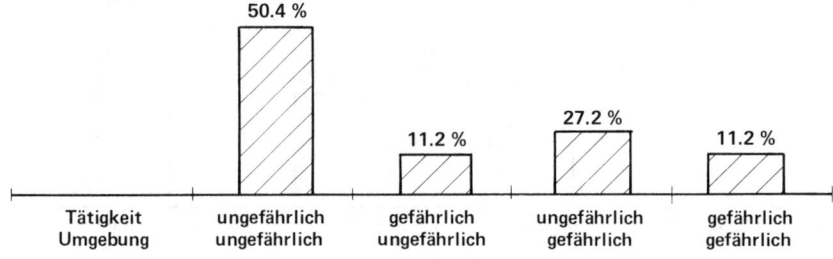

50.4 %			
	11.2 %	27.2 %	11.2 %

Tätigkeit	ungefährlich	gefährlich	ungefährlich	gefährlich
Umgebung	ungefährlich	ungefährlich	gefährlich	gefährlich

Bild 9: Relative Häufigkeit verschiedener Gefährdungsgrade

Sehr aufschlußreich ist die Differenzierung des Gefährdungsgrades nach Tätigkeit (gefährlich/ungefährlich) und Umgebung
(gefährlich/ungefährlich). In 63 Fällen (= 5o,4 %) wurde
der Einzelarbeitsplatz sowohl nach der Tätigkeit als auch
nach der Umgebung als ungefährlich eingestuft. Dennoch wurde
der Arbeitsplatz gesichert, weil offenbar die Dichotomisierung
gefährlich/ungefährlich oft nicht ganz ausreichte. In vielen
Fällen neigte der Interviewte eher deshalb zur Einstufung
als "ungefährlich", weil er den Gefährdungsgrad nicht zu
hoch ansiedeln wollte. Statt "ungefährlich" dürfte in den
meisten Fällen die Bezeichnung "weniger gefährlich, aber
dennoch sicherungsbedürftig" richtiger sein. Umgekehrt
wurden in 14 Fällen (= 11,2 %) beide Varianten als gefährlich
beurteilt. Eventuell finden sich hierunter einige Arbeitsplätze, an denen das Allein-Arbeiten eigentlich nicht mehr
zulässig ist.

Die Einstufung, ob die Tätigkeit bzw. Umgebung als gefährlich bzw. ungefährlich anzusehen ist, unterliegt jedoch in
jedem Fall der innerbetrieblichen Definition. Von daher
sind auch die hier gemachten Angaben subjektive Beschrei-
bungen von Betriebsangehörigen, die an diesem Interview
beteiligt waren.

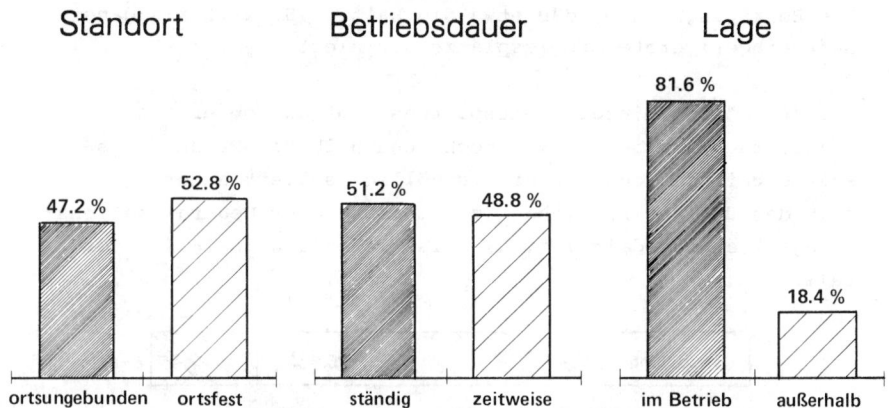

Bild 10: Relative Häufigkeitsverteilung im Hinblick auf
den Standort, die Betriebsdauer und die Lage
des Einzelarbeitsplatzes.

Aus dieser Graphik ergibt sich eine annähernde Gleichver-
teilung der "ortsfesten" und "ortsungebundenen" Einzelarbeitsplätze. Die als "ortsungebunden" Bezeichneten sind
weitgehend gekennzeichnet durch Kontrollrundgänge,
Nachtwächter- und Überwachungstätigkeiten. Bei den ortsfesten handelt es sich um Tätigkeiten z. B. an einer fest
installierten Maschine abseits des Aufenthaltes anderer
Mitarbeiter oder etwa der Überwachung einer Anlage
außerhalb des Produktionsbetriebes.

Mit dem Begriff "Betriebsdauer" war die Frage verknüpft,
ob ein Arbeitsplatz quasi als Dauereinrichtung ("ständig")
existiert oder ob er nur für eine begrenzte Zeit oder für
eine bestimmte Tätigkeit ("zeitweise") während einer Arbeits-
schicht entstehen kann (z. B. kurzfristige Arbeit an einer
Maschine, die in einem abgelegenen Raum installiert ist).

Die Befragung ergab, daß etwa die Hälfte (51,2 %) als dauerhaft eingerichtete Arbeitsplätze definiert sind.

Die "Lage" des Einzelarbeitsplatzes gibt an, ob er sich
- zwar räumlich isoliert - noch innerhalb der Produktionsstätte befindet oder ob er als völlig isoliert außerhalb des übrigen Betriebes (z. B. Klär- oder Neutralisations-
anlagen) angesiedelt ist. Dies ist lediglich in 18,4 % der
Fall.

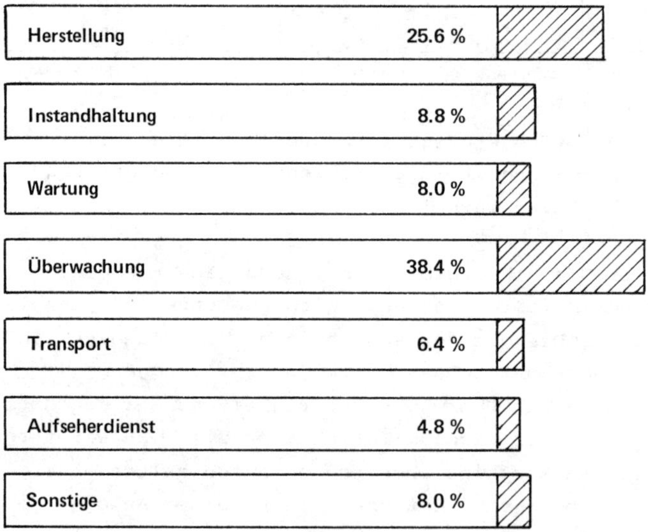

Herstellung	25.6 %
Instandhaltung	8.8 %
Wartung	8.0 %
Überwachung	38.4 %
Transport	6.4 %
Aufseherdienst	4.8 %
Sonstige	8.0 %

Bild 11: Relativer Anteil von Einzelarbeitsplätzen in den
verschiedenen Tätigkeitsbereichen.

Aus dieser Verteilungsgraphik geht deutlich der hohe Anteil
an Überwachungstätigkeiten hervor. Immerhin sind 25,6 % der
Einzelarbeitsplätze direkt in der Produktion eingerichtet;
in der Regel befinden sich diese Arbeitsplätze an exponierter
Stelle (Kellerraum, abgeschlossener Einzelraum) innerhalb
der Produktionsstätte.

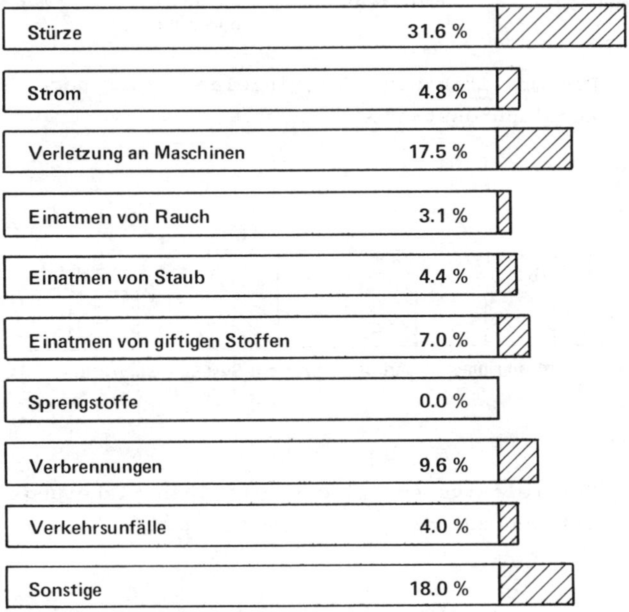

Stürze	31.6 %	
Strom	4.8 %	
Verletzung an Maschinen	17.5 %	
Einatmen von Rauch	3.1 %	
Einatmen von Staub	4.4 %	
Einatmen von giftigen Stoffen	7.0 %	
Sprengstoffe	0.0 %	
Verbrennungen	9.6 %	
Verkehrsunfälle	4.0 %	
Sonstige	18.0 %	

Bild 12: Relativer Anteil potentieller Gefahrenquellen an
Einzelarbeitsplätzen.

In deutlichem Zusammenhang mit der Arbeitsart dürften die
potentiellen Gefahrenquellen an den Einzelarbeitsplätzen
stehen. Aufgrund des hohen Anteils von Überwachungstätigkeiten mit Rundgängen wird die Gefahr von Stürzen besonders
häufig angegeben. Es muß jedoch hervorgehoben werden, daß
es sich hierbei nicht um eine Unfallanalyse, sondern um
rein theoretisch angenommene - allerdings aus der Betriebs-
erfahrung gewonnene - Gefahrenpotentiale handelt.

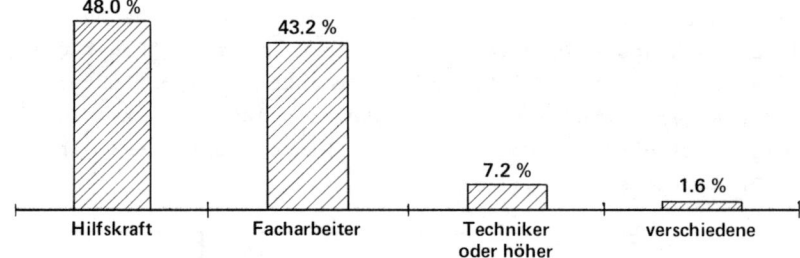

Bild 13: Die Qualifikation des Einzelarbeiters nach dem Ausbildungsstand.

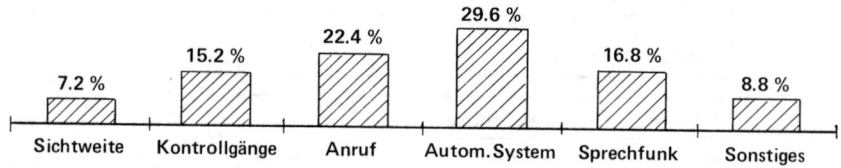

Bild 14: Der relative Anteil der einzelnen Sicherungsarten bezogen auf die Interviewteilnahme.

Die prozentuale Verteilung der Sicherungsarten bezieht sich nur auf diese Stichprobe von 125 Interviews und hat keinerlei Bezug zum wirklichen Anteil der einzelnen Sicherungsarten, wie es weiter vorn ausführlich dargestellt wurde. Für eine mehrdimensionale Auswertung sind die relativen Häufigkeiten jedoch von Bedeutung.

4.2.2 Mehrdimensionale Auswertung der Interviewfragen

Wir haben alle zehn unter Punkt 4.2.1 dargestellten Variablen miteinander in Beziehung gesetzt. Das gesamte Datenmaterial von insgesamt 68 zwei- bzw. dreidimensionalen
Matrices lohnt nicht, u. a. auch wegen der manchmal zu
kleinen Stichprobengröße, vollständig dargestellt zu werden.
Wir beschränken uns auf einige Graphiken und Tabellen,
die sich als relevant herauskristallisierten. Aus den
übrigen vorliegenden Tabellen werden punktuelle Trends
diskutiert.

Im folgenden haben wir zunächst das Kriterium der
"Gefährdung" in Beziehung zu den anderen Variablen gesetzt.

Die wesentlichen Daten sind in sieben Schaubildern graphisch
dargestellt.

Bild 15:

Gefährdung in Abhängigkeit von der Betriebsgröße

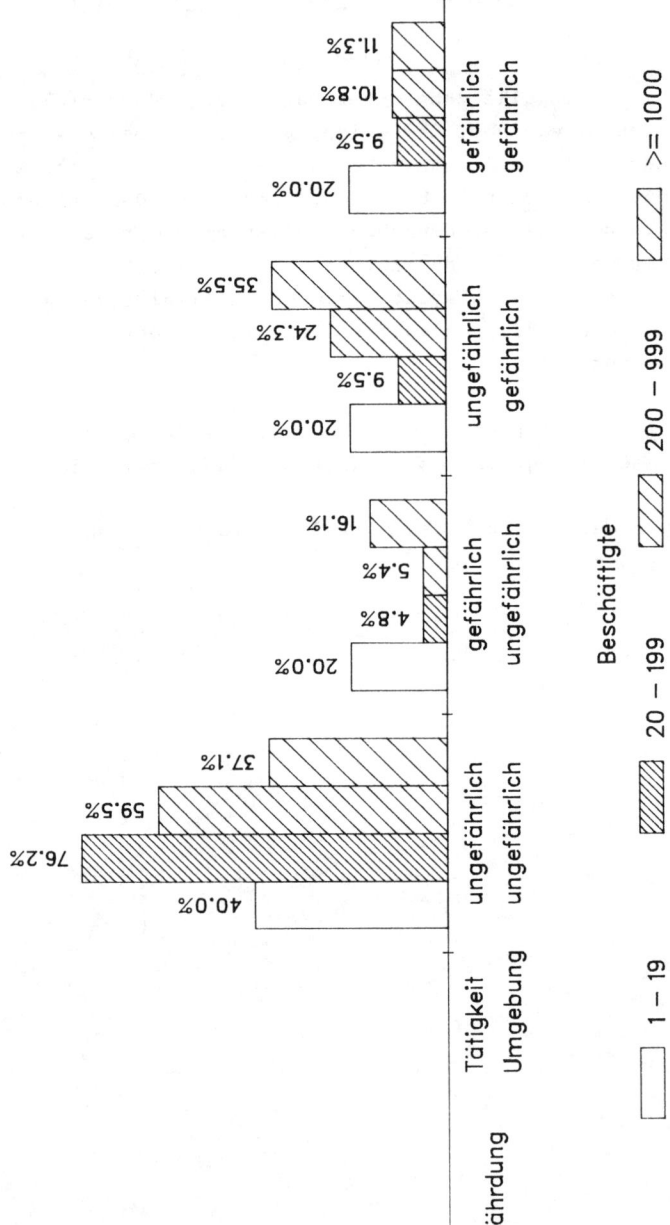

Bild 16:

Gefährdung in Abhängigkeit vom Standort

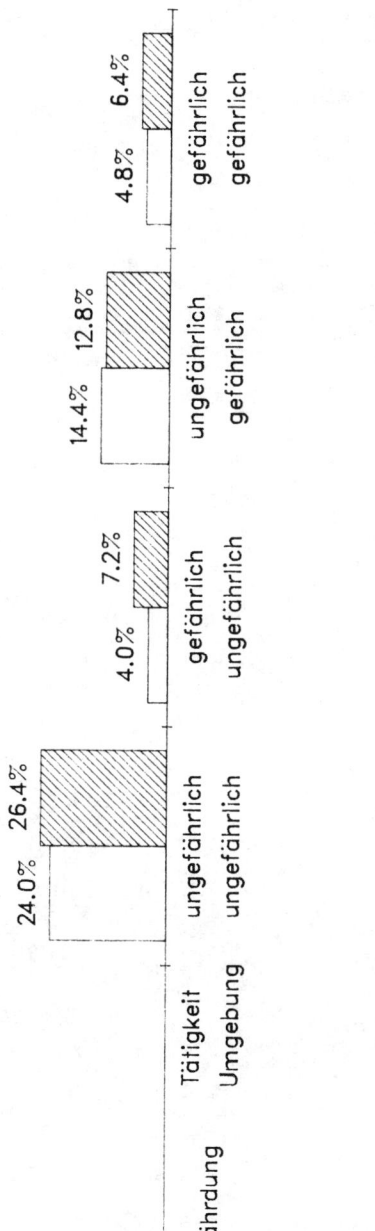

Bild 17:

Gefährdung in Abhängigkeit von der Sicherungsart

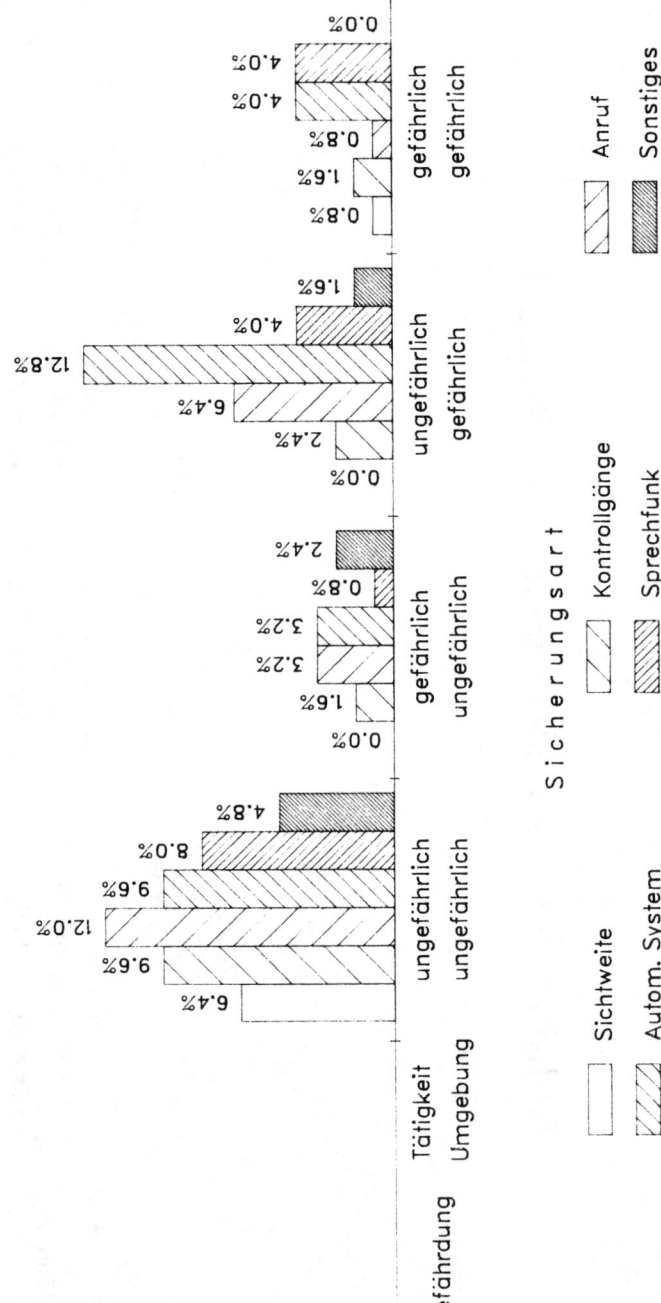

Bild 18:

Gefährdung in Abhängigkeit von der Lage

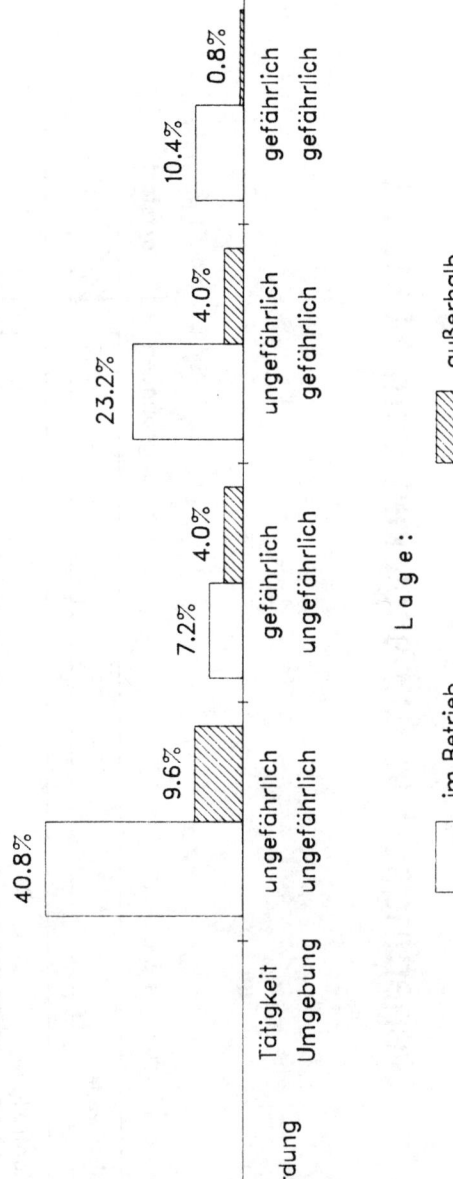

Bild 19:

Sicherungsart in Abhängigkeit vom Standort

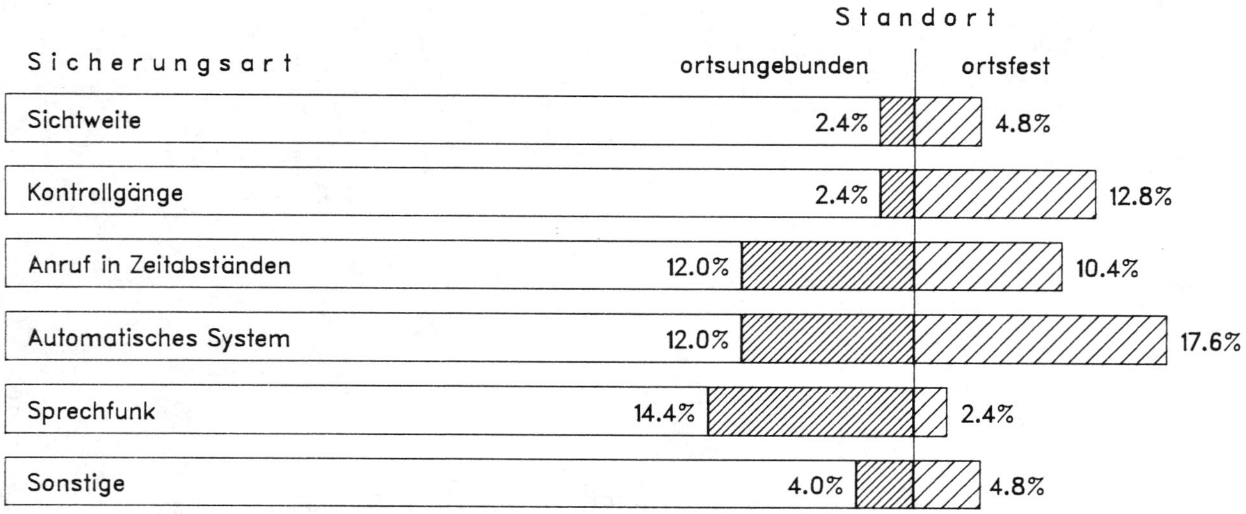

Bild 20:

Sicherungsart in Abhängigkeit von der Betriebsdauer

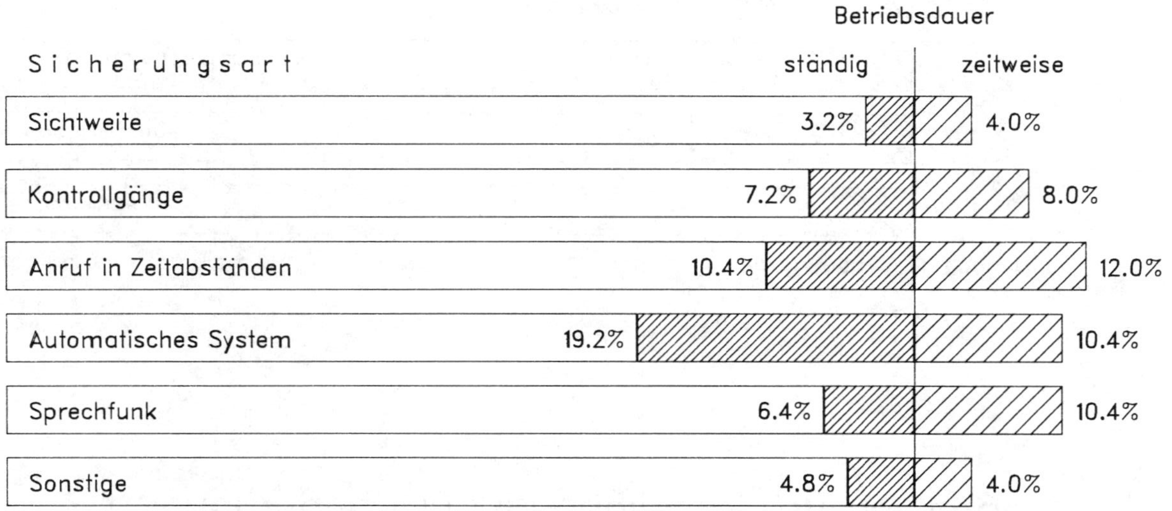

Sicherungsart	ständig	zeitweise
Sichtweite	3.2%	4.0%
Kontrollgänge	7.2%	8.0%
Anruf in Zeitabständen	10.4%	12.0%
Automatisches System	19.2%	10.4%
Sprechfunk	6.4%	10.4%
Sonstige	4.8%	4.0%

Betriebsdauer

Bild 21:

Sicherungsart in Abhängigkeit von der Lage

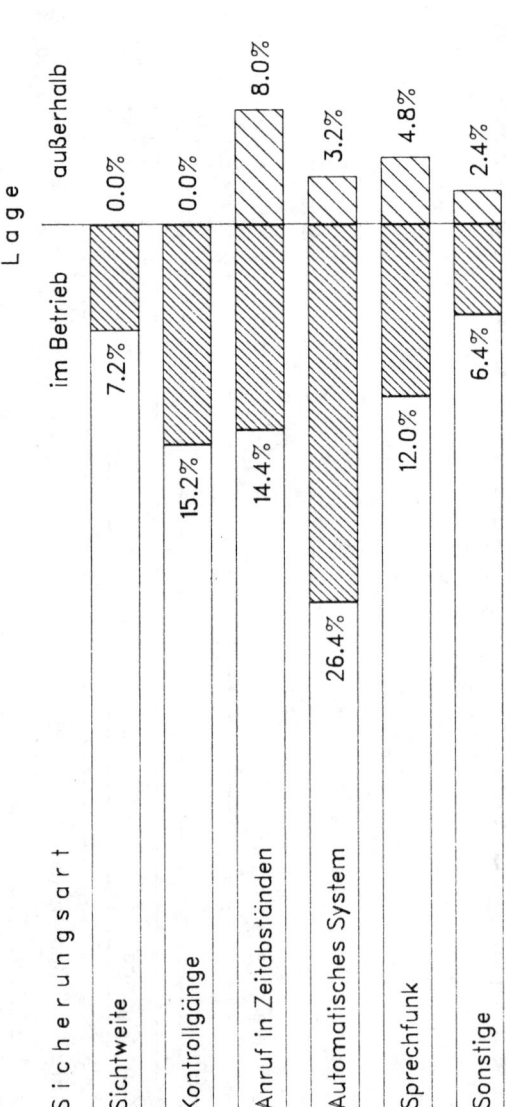

In Bild 16: "Gefährdung in Abhängigkeit von der Sicherungsart"
wird deutlich, daß technische Sicherungssysteme gehäuft eingesetzt werden, wenn sowohl die Tätigkeit als auch die Umgebung als gefährlich eingestuft werden bzw. in hohem Maße
bei ungefährlicher Tätigkeit in gefährlicher Umgebung.
Dies gilt insbesondere für den Wirtschaftszweig "Chemie".
Die konventionellen Sicherungsarten werden in ungefährlicher
Umgebung und Tätigkeit favorisiert.

Tabelle 14   Gefährdung in Abhängigkeit von der
              Qualifikation

GEFÄHRDUNG		QUALIFIKATION			
Tätigkeit	Umgebung	1	2	3	4
ungefährlich	ungefährlich	37	20	6	O
gefährlich	ungefährlich	6	7	1	O
ungefährlich	gefährlich	13	19	1	1
gefährlich	gefährlich	4	8	1	1

Qualifikation:

1 = Angelernter, Hilfskraft

2 = Facharbeiter

3 = Techniker oder höher
    qualifiziert

4 = Verschiedene

Bild 22:

Standort in Abhängigkeit von Betriebsdauer und Gefährdung

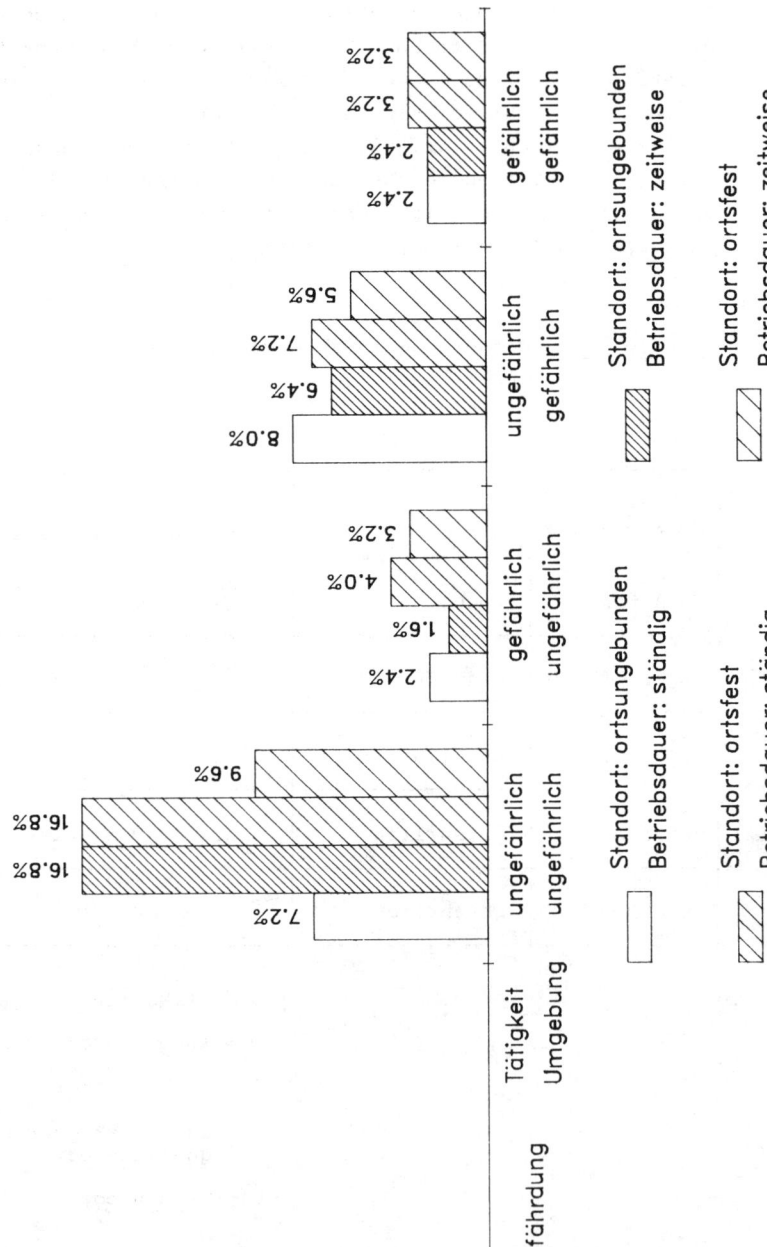

Bild 23:

Lage in Abhängigkeit von Betriebsdauer und Gefährdung

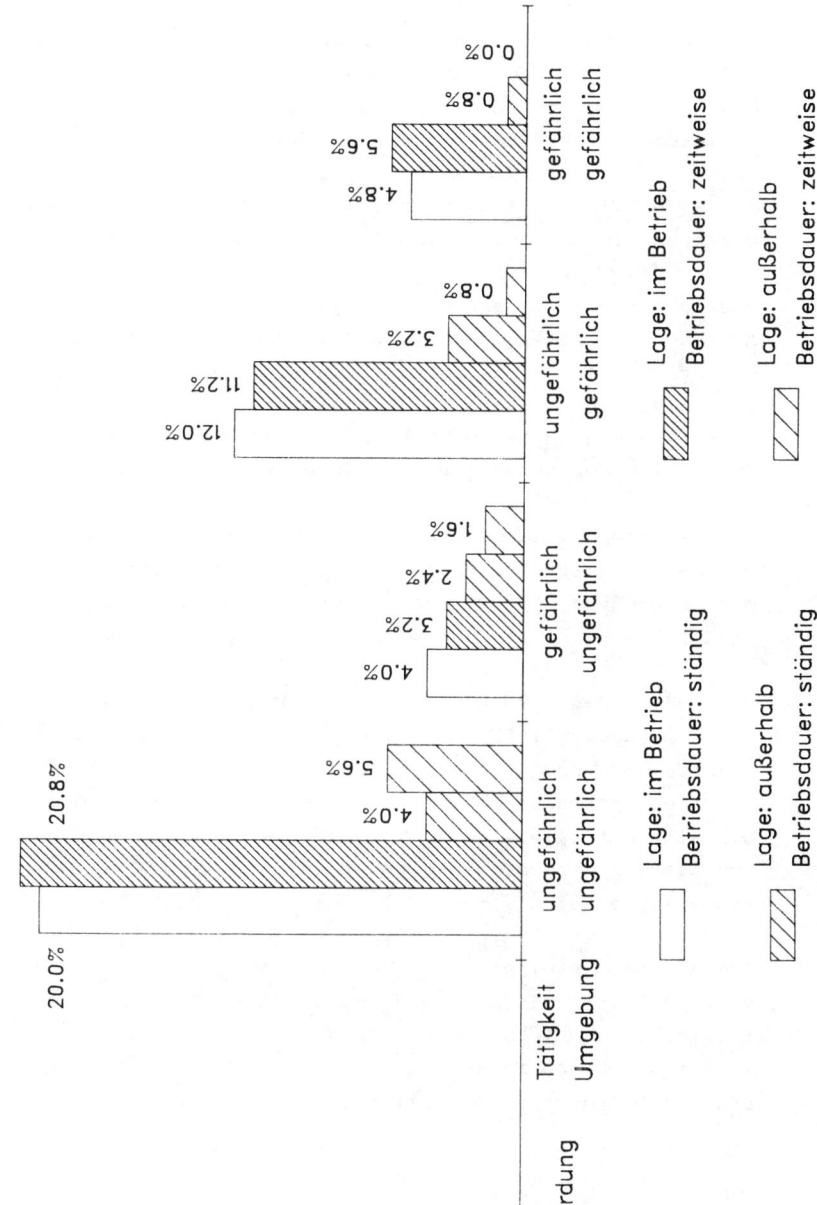

Eine Auswertung des Gefährdungsgrades in Abhängigkeit von
der Qualifikation des Mitarbeiters läßt den Trend erkennen,
daß mit steigendem Gefährdungsgrad mehr höher qualifizierte
Kräfte eingesetzt werden. Dies steht im Einklang mit den
Erläuterungen zu VBG 1 § 36 Abs. 1, daß bei "gefährlichen
Arbeiten nur .... die Mitarbeiter betraut werden, die hierzu
durch Vorbildung, Kenntnisse, Berufserfahrung, persönliche
Eigenschaften befähigt sind."

Betrachten wir nun die Sicherungsarten unter verschiedenen
Aspekten, so fällt beim Standortvergleich (Bild 19) auf, daß
bei ortsfesten Arbeitsplätzen die Kontrollgänge in der Regel
überwiegen. Dies ist in sich logisch, da Personen, die
selbst schon zum Beispiel Rundgänge machen müssen, nicht
durch einen weiteren Kontrollgänger zu sichern sind.

Automatische, willensunabhängige Systeme werden eher bei
festen Standorten installiert, während Sprechfunk deutlich
mehr Anwendung bei ortsungebundenen Einzelarbeitsplätzen
findet.

Hinsichtlich des Vergleichs der Sicherungsarten mit der
"Betriebsdauer" (Bild 20) zeigen sich lediglich deutliche
Unterschiede beim Einsatz eines automatischen, willensunabhängigen Personensicherungssystems, wobei die ständigen
Einzelarbeitsplätze doppelt so häufig durch diese Systeme
abgesichert werden, wie diejenigen, die nur zeitweise
eingerichtet sind.

Zum Abschluß stellen wir noch zwei dreidimensionale Auswertungen vor, die sich als recht interessant herauskristallisierten. Die Gefährungsgrade und die Betriebsdauer
werden graphisch in Abhängigkeit von der jeweiligen Lage
und vom Standort des Einzelarbeitsplatzes aufgezeigt.

4.2.3 Analyse der Sicherungsarten

Im zweiten Abschnitt des Interviewbogens wollten wir die
Erfahrungen der Betriebe mit den diversen Arten der
Sicherung von Einzelarbeitsplätzen eruieren und aufar-
beiten. Gerade hiervon versprechen wir uns einige Entscheidungshilfen für Führungs- und Sicherheitsfachkräfte
in den Betrieben, die sich damit auseinanderzusetzen haben,
wie ein eventuell neu eingerichteter Einzelarbeitsplatz
am günstigsten abzusichern ist. In Verbindung mit den im
Forschungsbericht Nr. 326 der BAU auf den Seiten 72/73
zu beachtenden Analyseschritten bietet die Kombination aus
theoretischen Überlegungen und konkreten praktischen Erfahrungen eine gute Chance, den in Frage stehenden Einzelarbeitsplatz optimal abzusichern.

Im Gegensatz zu den vorherigen Auswertungen haben wir nunmehr die Sicherungsart "Sprechfunk" nochmals herausgefiltert.
Der Funksprechverkehr verbarg sich bisher in der Sicherungsart "sonstige". Interessant erschien uns, wie lange die
Einzelarbeitsplätze in den Betrieben bereits vorhanden sind
und ob das "Alter" der Arbeitsplätze einen Einfluß auf die
Sicherungsart hatte.

In N = 1o9 Fällen wurden Angaben darüber gemacht, wie lange
der Einzelarbeitsplatz bereits existiert. Dabei ergab sich
eine durchschnittliche Zeit von 14,o Jahren bei einer
Streuung von s = 14,2 Jahren. Dieser Mittelwert kaschiert
ein wenig den Tatbestand einerseits bereits vor langer Zeit
(bis zu 5o Jahren) eingerichteter Arbeitsplätze gegenüber
Einzelarbeitsplätzen, die gerade in den letzten Jahren
durch Rationalisierung und Technisierung neu installiert
wurden. Dokumentiert wird dies dadurch, daß die Streuung
größer ist als der Mittelwert.

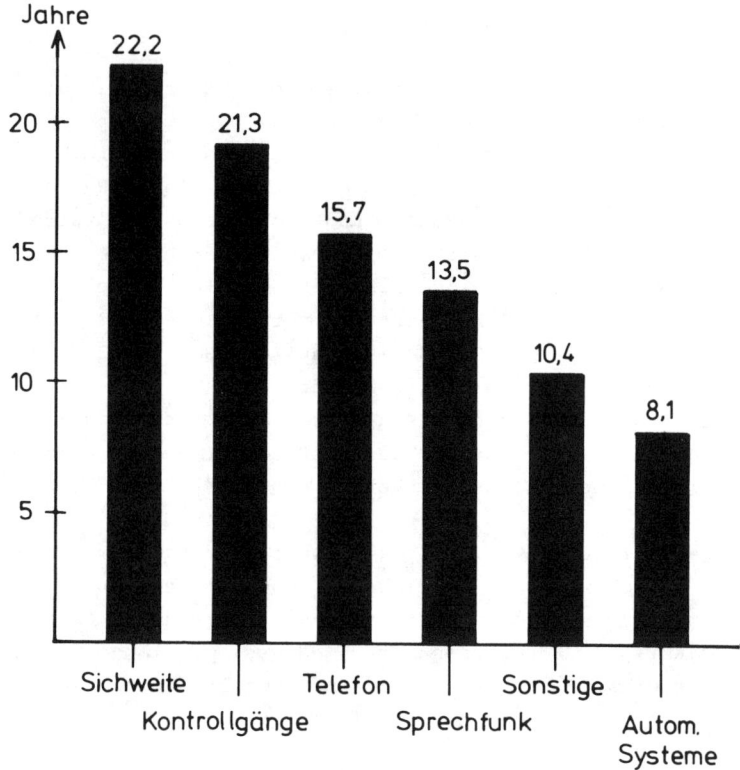

Bild 24: Mittleres "Alter" bei Einzelarbeitsplätzen in
Abhängigkeit von den Sicherungsarten

Je länger ein Einzelarbeitsplatz eingerichtet ist, desto
eher wurden die "konventionellen" Sicherungsarten angewendet.
Die recht interessante Verteilung läßt allerdings auch den
Schluß zu, daß einmal eingeführte Maßnahmen zur Sicherung
kaum verändert bzw. den neuen, technisch aufwendigeren Möglichkeiten angepaßt werden. Dagegen wird bei neu eingerichteten
Einzelarbeitsplätzen offensichtlich gleich eher auf technische Systeme gesetzt.

4.2.3.1   Sichtweite

Die Sicherung eines Einzelarbeitsplatzes durch Herstellung
von Sichtweite zu anderen Mitarbeitern ergab folgende Daten
(nach Punkt 2.1.4 des Interviewbogens):

Tabelle 15   Betriebliche Erfahrungen mit der Sicherungsart
              "Sichtweite"

Erfahrungen	absolut	%
gute	3	60,0
eher gute	2	40,0
eher schlechte	o	-
Summe	5	1oo,0
keine Angaben	4	-

Die - statistisch wegen der zu geringen Stichprobengröße
nicht aussagekräftigen - Angaben weisen praktisch nur positive Erfahrungen aus. Qualitativ wurde als Grund die
"Zufriedenheit" des Mitarbeiters mit dieser Lösung angegeben. In einem Fall wurde ein Unfall geschildert. Ein
Mitarbeiter ist beim Beladen von einer Palette gestürzt.
Da Sichtweite zu einer anderen Person hergestellt worden
war, konnte innerhalb einer Minute eine Erstversorgung mit
"Erster Hilfe" vorgenommen werden.

4.2.3.2   Kontrollgänge

Detailliertere Angaben erhielten wir von 22 Einzelarbeitsplätzen, die durch "Kontrollgänge" gesichert werden:

Tabelle 16   Verteilung der Zeitabstände zwischen den
             Kontrollgängen

Abstand in Stunden	absolut	%
≙ 1/2	5	26,3
1	1	5,3
1 1/2	1	5,3
≙ 2	o	-
unregelmäßig	12	63,1
Summe	19	1oo,o
keine Angaben	3	-

In dem hohen Anteil unregelmäßiger Kontrollen verbirgt sich häufig eine längere Zeitspanne, wie den Gesprächen mit Betroffenen zu entnehmen war. In 18 (= 81,8 %) Fällen wurde bestätigt, daß die Kontrollgänge auch tatsächlich durchgeführt werden; in 4 Fällen (= 18,2 %) wird diese Anweisung nur unregelmäßig befolgt.

Tabelle 17   Betriebliche Erfahrungen mit der Sicherungsart "Kontrollgänge"

Erfahrung	absolut	%
gute	15	78,9
eher gute	3	15,8
eher schlechte	o	-
schlechte	1	5,3
Summe	19	1oo,o
keine Angaben	3	-

An positiven Begründungen wurde erwähnt, die Kontrollgänge durch Vorgesetzte dienten sowohl der Produktionskontrolle als auch der Personensicherung. In dem Betrieb mit "schlechten Erfahrungen" wurde der Kontrollgang als nicht notwendig, den Arbeitsablauf störend, empfunden. Kontrollgänge werden häufiger nicht bzw. nicht regelmäßig durchgeführt, weil der Mitarbeiter in anderen Bereichen benötigt wird. Protokolliert werden die Kontrollgänge in vielen Fällen allerdings leider nicht.

4.2.3.3   Telefonanruf

Aus 25 Betrieben erhielten wir Daten über die Sicherung von
Einzelarbeitsplätzen mittels Telefonanrufs durch andere
Personen. Wie bei den "Kontrollgängen" interessierte uns
der zeitliche Abstand zwischen den Anrufen, da dieser für
die Effektivität der Maßnahme von eminenter Bedeutung ist.

Tabelle 18   Verteilung der Zeitabstände zwischen den
             Telefonanrufen

Abstand in Stunden	absolut	%
≤ 1/2	8	32,0
1	8	32,0
1 1/2	1	4,0
≥ 2	5	2o,o
unregelmäßig	3	12,0
Summe	25	1oo,o
keine Angaben	-	-

Im Vergleich zur Durchführung von Kontrollgängen fällt der
erheblich kürzere Abstand zwischen den Telefonaten und insbesondere die Regelmäßigkeit auf. Die praktischen Erfahrungen
sind in der folgenden Tabelle dargestellt.

Tabelle 19   Betriebliche Erfahrungen mit der Sicherungs-
              art "Telefonanruf"

Erfahrung	absolut	%
gute	1o	47,6
eher gute	5	23,8
eher schlechte	5	23,8
schlechte	1	4,8
Summe	21	1oo,o
keine Angaben	4	-

Die Betriebe mit "eher schlechten" bzw. "schlechten" Erfahrungen gaben als Kriterium hierfür an, die Anrufe würden
vergessen, der Mitarbeiter fühle sich kontrolliert oder
die Zeit zur Rettung eines Verunfallten wurde als zu lang
angesehen. In den meisten Fällen wurden die Kontrollanrufe
von Pförtnern getätigt. Aufzeichnungen hierüber werden oft
nicht geführt.

4.2.3.4 Automatische, willensunabhängige Personensicherungssysteme

Die zum damaligen Zeitpunkt auf dem Markt befindlichen Personensicherungssysteme wurden im Forschungsbericht Nr. 326 vorgestellt und analysiert. Ergänzungen und Weiterentwicklungen werden in dieser Arbeit weiter unten referiert. Dennoch wollen wir zum besseren Verständnis kurz definieren, was hierunter zu verstehen ist. Eine Personensicherungsanlage dient zur Sicherung von Personen an einsamen und gefährlichen Arbeitsplätzen. Die Anlage besteht aus einer Zentrale mit Ausbaumöglichkeit zu mehreren Personensicherungen, einer Antenne und den Signalgebern. Jede zu sichernde Person trägt einen Signalgeber, der bei Gefahrensituationen über Funk den Alarm in der Zentrale auslöst. Hierbei sind verschiedene Alarmauslösungen denkbar, wie Lage-, Bewegungs- und Zeitalarm. Bei dem Lagealarm handelt es sich um einen Sensor, der im Falle der Überschreitung eines bestimmten Neigungswinkels einen Alarm auslöst. Bei dem Bewegungsalarm wird die Körperbewegung der zu sichernden Person überwacht. Bei Bewegungsstillstand wird nach einer entsprechend einzustellenden Zeit ebenfalls Alarm ausgelöst. Der Zeitalarm mahnt den Benutzer in Zeitintervallen, die einstellbar sind, mit einer akustischen Vorwarnung zur Quittierung den Drucktaster zu betätigen. Bleibt die Quittierung aus, wird der Alarm ausgelöst.

Bei der nunmehr folgenden Datenanalyse wurde bewußt darauf verzichtet, die einzelnen Systeme getrennt auszuwerten, u. a. auch deshalb, weil bei der ohnehin relativ kleinen Stichprobe eine noch weitere Aufschlüsselung statistisch nicht mehr aussagekräftig ist.

Die Fragen nach "Reichweiten" und "Signalstärken" werden
nicht gesondert dargestellt, da in allen Fällen positive
Antworten gegeben wurden (Fragen 2.2.3 bis 2.2.5 des
Interviewbogens). Die Frage nach auftretenden Funkstörungen
wurden von 88,5 % verneint. Lediglich in zwei Fällen wurden
Probleme mit Funkschatten oder Störung durch eine andere
Station angegeben. Allerdings wurde gleichzeitig bestätigt,
daß die Probleme mittlerweile behoben werden konnten.
Weitere technische Probleme wurden in 7 Fällen (= 21,2 %)
angegeben. Dabei wurden häufige Fehlalarme moniert, was
häufig durch eine zu sensible Einstellung bedingt sein
dürfte; darüber hinaus wurde vereinzelt angegeben, die Geräte seien nicht genügend staubgeschützt, nicht stoß- und
schlagfest und auch nicht säurebeständig. Wir werden bei
der Diskussion um die "Mindestanforderungen an technische
Personensicherungssysteme" auf diese Punkte näher eingehen.

Tabelle 2o   Reparaturanfälligkeit von automatischen,
              willensunabhängigen Personensicherungssystemen

Reparatur-anfällig	absolut	%
gar nicht	2o	6o,6
wenig	11	3o,3
häufig	2	6,1
Summe	33	1oo,o

Ein direkter Zusammenhang zwischen regelmäßiger Wartung und
Reparaturanfälligkeit wurde nicht festgestellt. Die Geräte
werden in der Regel beim Pförtner aufbewahrt und entgegen-
genommen.

Gründe für Reparaturen waren defekte Sensoren, Antennen-
bruch oder verbrauchte, nicht mehr aufladbare Akkus, wobei
es sich hierbei entweder um Wartungsfehler oder um reinen
Verschleiß handelt. Die durchschnittliche Lebensdauer von
Akkus dürfte bei ca. zwei Jahren liegen.

4.2.3.5 Sprechfunk

Es handelt sich hierbei ausschließlich um normalen Funksprechverkehr, der zwischen zwei Personen bzw. in einem
Funkkreis mit mehreren Personen geführt wird. Berichte über
23 Einzelarbeitsplätze mit dieser Variante liegen vor.

Tabelle 21 Auftreten von Funkstörungen im Funksprechverkehr

Störung	absolut	%
keine	12	52,2
andere Stationen	2	8,7
Funkschatten	6	26,1
anderes	3	13,0
Summe	23	100,0

Im Gegensatz zu den willensunabhängigen Systemen werden
in 47,8 % Funkstörungen der oben angegebenen Art bestätigt.
Die Gründe für die gegenüber den automatischen Sicherungssystemen häufiger auftretenden Funkstörungen liegen weitgehend darin begründet, daß mehrfach Probleme mit auftretenden Funkschatten angegeben wurden; d. h. die Signalstärke
ist oft nicht ausreichend. Desweiteren werden andere Funk-
stationen, die auf annähernd gleicher Frequenz senden, als
Ursache genannt. Dies dürfte in vielen Fällen eine Minderung
der Effektivität bei Eintritt eines Unfalls mit sich ziehen.
Das Auftreten sonstiger technischer Probleme gaben lediglich
8,7 % an. Es kann somit als unwesentlich vernachlässigt
werden.

Tabelle 22   Reparaturanfälligkeit von Sprechfunkgeräten

Reparatur- anfällig	absolut	%
gar nicht	12	52,2
wenig	9	39,1
häufig	2	8,7
Summe	23	1oo,o

Fast ausschließlich wurden notwendige Reparaturen durch
falsche Handhabung (z. B. Fallenlassen des Gerätes) angegeben. Insgesamt werden die Geräte also als recht zuverlässig beurteilt.

4.2.3.6   Sonstige Systeme

Hierunter verstehen wir alle technischen Einrichtungen, die
nicht unter die Punkte 4.2.3.4 bzw. 4.2.3.5 zu subsumieren
sind. Im einzelnen kann der Arbeitsplatz gesichert werden
durch

- Notrufschalter im Arbeitsbereich,
- Fernsehüberwachung,
- Fußschalter zur Alarmauslösung,
- Betätigen einer Reißleine und
- Sprechfunk mit eingebauter Totmannschaltung

In diesen Fällen existieren in der Regel störungs- und war-
tungsfreie Standleitungen, so daß kaum technische Probleme
angegeben werden. Auch wird die Reparaturanfälligkeit als
sehr gering eingestuft. Allerdings ist der Alarm in der
Regel durch willentliche Betätigung - mit Ausnahme der
Fernsehüberwachung und des eingebauten Totmannschalters im
Sprechfunkgerät (siehe auch S. 86) - auszulösen.

Es bedarf also einer genauen Analyse des Einzelarbeitsplatzes, um zu entscheiden, ob eine dieser Sicherungsvarianten zum Einsatz gebracht wird. Besondere Einsatzanalysen sind in einer von der Bundesanstalt für
Arbeitsschutz herausgegebenen Beispielsammlung zur
Sicherung von Einzelarbeitsplätzen dargestellt (siehe S. 1).

4.2.4   Akzeptanzvergleich zwischen den technischen
Sicherungssystemen

Die Frage der Akzeptanz von Sicherungsmaßnahmen durch die
betroffenen Arbeitnehmer ist von entscheidender Bedeutung
dafür, inwieweit die Sicherungsmaßnahme nach Einführung
und Installierung auch tatsächlich dauerhaft und regelmäßig beachtet wird. Wir haben deshalb eine Befragung
(Punkt 2.2.9 des Interviewbogens) durchgeführt, deren
Ergebnisse zunächst tabellarisch dargestellt werden.

Tabelle 23   Akzeptanzvergleich zwischen verschiedenen
Personensicherungssystemen (Mehrfachnennungen
möglich)

	Autom./willen-unabh. Systeme			Sprechfunk			Sonstige		
	abs.	X %	N %	abs.	X %	N %	abs.	X %	N %
Abgelehnt	1	1,4	3,0	0	0,0	0,0	0	0,0	0,0
Unpraktisch	12	17,4	36,4	4	10,5	19,0	0	0,0	0,0
Stört Ablauf	4	5,8	12,1	0	0,0	0,0	1	5,6	8,3
Überwachung	8	11,6	24,2	3	7,9	14,3	0	0,0	0,0
Notw. Übel	14	20,3	42,4	1	2,6	4,8	1	5,6	8,3
Hilfreich	18	26,1	54,5	13	34,2	61,9	7	38,8	58,3
Voll akzeptiert	12	17,4	36,4	17	44,8	81,0	9	50,0	75,0
Σ X (Nennungen)	69	100,0	—	38	100,0	—	18	100,0	—
Σ N (Eap)	33			21			12		

Die Ergebnisse der Befragung sind recht deutlich ausge-
fallen. Daß die Quote völliger Ablehnung so gering ist,
erstaunt nicht, wenn man sieht, wie lange die Personensicherungen in der Regel bereits fest installiert waren,
bevor diese Befragung gestartet wurde. Immerhin empfinden
36,4 % der Befragten ein automatisches, willensunabhängiges
Personensicherungssystem als unpraktisch; die Sendegeräte
werden als zu groß, unhandlich und störend empfunden,
während diese Einstufung beim Sprechfunk nur in 19,0 %
vorgenommen wurde. Eine volle Akzeptanz finden wir weitgehend beim Sprechfunk und den sonstigen Einrichtungen,
während dies bei den willensunabhängigen Systemen nur
jeder Dritte bejaht.

Teilt man die Angaben in positive ("hilfreich" und "voll
akzeptiert") und eher negative Meinungsäußerungen auf, so
läßt sich mit einem "Mehrfelder-chi^2-Test" feststellen,
ob die Unterschiede zwischen den Gruppen zufällig sind.
Ein durchgeführter Signifikanztest ergab ein chi-^{2} = 21,1
bei 5 Freiheitsgraden. Dieser Wert ist auf dem 1%-Niveau
signifikant, d. h. die automatischen, willensunabhängigen
Systeme werden statistisch signifikant eher negativ hinsichtlich ihrer Akzeptanz beurteilt; dagegen weisen die
übrigen Sicherungsarten bedeutend mehr positive Beurtei-
lungen auf.

4.2.5 Diskussion

Die Fülle des vorliegenden Datenmaterials verlangt eine zusammenfassende Klassifizierung und Interpretation. Wir haben
im Forschungsbericht Nr. 326 der Bundesanstalt für Unfall-
schutz (Seiten 72/73) Analyseschritte definiert, die an
dieser Stelle wegen der Wichtigkeit nochmals referiert
werden:

- Durchsicht der bestehenden einschlägigen Vorschriften
  (siehe S. 128) und daraus abzuleitenden Maßnahmen;

- Feststellung, an welchen Stellen und wieviele
  gefährliche Einzelarbeitsplätze im Betrieb
  vorhanden sind;

- Differenzierung der Einzelarbeitsplätze nach
  gefährlicher/ungefährlicher Tätigkeit und
  gefährlicher/ungefährlicher Umgebung;

- Eliminierung von Einzelarbeitsplätzen durch Hinzu-
  ziehung einer 2. Person nach den bestehenden Unfallverhütungsvorschriften bei "gefährlicher" Tätigkeit;

- Differenzierung der Einzelarbeitsplätze nach

  a) ortsfesten und
  b) ortsungebundenen Einzelarbeitsplätzen;

- Feststellung, welche Einzelarbeitsplätze mit relativ
  einfachen (z. B. Telefonkontakt, regelmäßige Kontrolle
  durch andere) Mitteln gesichert werden können;

- Feststellung der Anzahl von übrigbleibenden Einzelarbeitsplätzen die effektiv nur mit einem technisch
  aufwendigen Alarmsystem zu sichern sind;

- Entscheidung für ein bestimmtes Überwachungssystem,
  welches den betrieblichen Anforderungen am besten
  entspricht;

- Anpassung des technischen Systems an die betrieblichen
  Notwendigkeiten (z. B. Ausschaltung technischer Probleme wie Funkschatten, begrenzte Reichweite o.ä.);

- Bei ortsungebundenen Einzelarbeitsplätzen:
  Aufstellen eines Maßnahmekatalogs, um bei einem Unfall
  die schnelle Bergung des Verunfallten zu gewährleisten
  (Wege-, Zeit- und Alarmierungsplan).

Eine innerbetriebliche Optimierung der Sicherungsmaßnahmen
scheint nach den vorliegenden Erfahrungen notwendig zu sein.
Als Beleg kann das "mittlere Alter" bei Einzelarbeitsplätzen
in Abhängigkeit von den Sicherungsmaßnahmen gelten. Einmal
seit Jahren festgelegte Maßnahmen unterliegen kaum einer
Veränderung, obwohl in einigen Fällen durchaus zugegeben
wurde, daß z. B. angeordnete Kontrollgänge tatsächlich
nicht durchgeführt werden, weil sie zum einen den Betriebs-
ablauf stören, zum anderen die Notwendigkeit nicht ganz ein-
gesehen wird, weil zum Teil über Jahre hinweg kein Störfall
an dem zu kontrollierenden Einzelarbeitsplatz eingetreten
ist. Ähnliches gilt für Telefonanrufe. Eine wirksame Kontrolle, ob die vorgeschriebenen Sicherungsmaßnahmen auch
eingehalten werden, bietet die Eintragung in ein Kontrollbuch, ob und wann der Kontrollgang bzw. Telefonkontakt
durchgeführt wurde. Für den Telefonanruf könnte ein Kontrollbuch folgende Eintragungen enthalten (Beispiel):

Datum	Uhrzeit	Anrufer	Anruf angenommen
o4.o8.86	9.55	Budde	Meyer
	1o.25	Budde	Meyer
	1o.5o	Budde	Meyer
.	.	.	.
.	.	.	.
.	.	.	.
.	.	.	.

Die automatischen, willensunabhängigen Systeme sind für die Sicherung einer Person sehr effektiv, wenn sie genau auf die betrieblichen Erfordernisse abgestellt sind und das organisatorische Umfeld stimmt. Sie sind jedoch relativ teuer und weisen eine recht geringe Akzeptanz auf, werden oft als unpraktisch eingestuft und das Gefühl des Überwachtwerdens steht bei den negativen Einstellungen im Vordergrund.

Ein Gefühl der ständigen Störung dürfte dann besonders virulent werden, wenn das Personensicherungssystem einen sogenannten "Zeitalarm" auslöst, d. h. hier wird der Benutzer in bestimmten, einzustellenden Zeitintervallen mit einem akustischen Warnton gewarnt, eine willentliche Quittierung durch Tastendruck abzugeben. Bleibt diese Quittierung aus, erfolgt ein Alarm.

Hierbei sind tatsächlich in vielen Fällen andere Alarmmöglichkeiten (Lage- bzw. Bewegungsalarm) vorzuziehen, die nur bei einem eingetretenen Unfall aktiviert werden.

Die Sicherung einer Person mittels Funksprechverkehr ist
recht kostengünstig einzurichten, jedoch mit einigen Nachteilen versehen. Ein Hilferuf ist naturgemäß nur dann abzu-
setzen, wenn der Betroffene noch bei Bewußtsein und in der
Lage ist, das Gerät zu betätigen. Hinzu kommt die große
Störanfälligkeit beim Betrieb durch andere Stationen, Funkschatten u. a.. Ungelöst ist auch das Problem der Priorität
des Absetzens einer Funkmeldung vor anderen möglicherweise
gerade laufenden Gesprächen. Hier kann nur die Notwendigkeit
einer absoluten Funkdisziplin postuliert werden.

Ein Problem, welches schon bei den "Kontrollgängen" bzw.
"Telefonanrufen" diskutiert wurde, ist auch für die technischen Systeme relevant: die Aufzeichnung, ob und wann
ein Alarm in der Zentrale angekommen ist. Moderne Systeme
(z. B. Motorola Guard Tour) bieten die Möglichkeit der
Dokumentation von Alarmierungen mit Hilfe der elektronischen
Datenverarbeitung. Ist dies nicht möglich, sollte eine
handschriftliche Dokumentation in einem Protokollbuch in
der Zentrale gewährleistet sein. Da zur Lokalisierung des
Verunfallten vom Sendegerät ein Tonzeichen ausgestrahlt
und dieses erst vom Rettungspersonal gelöscht wird, ist
weitgehend gewährleistet, daß im Falle einer Nichtbe-
achtung eines Notalarms in der Zentrale nicht die Schutz-
behauptung aufgestellt werden kann, ein Alarm sei gar
nicht erfolgt. Zudem ist bei jedem Schichtwechsel eine
Prüfung der gesamten Anlage auf Funktionsfähigkeit vorzunehmen und ebenfalls zu dokumentieren.

Bei allen Arten der Sicherung von Einzelarbeitsplätzen
ist die besondere Aufmerksamkeit dem letzten Punkt der
oben angeführten Analyseschritte zu widmen: dem Maßnahmen-
katalog zur Bergung und "Ersten-Hilfe-Leistung" eines
Verunfallten.

In diesem Zusammenhang ist die Unfallverhütungsvorschrift
VBG 1o9 "Erste-Hilfe" erwähnenswert, die das Verhalten bei
Arbeitsunfällen regelt. An dieser Stelle soll der § 4 wegen
der besonderen Bedeutung und der gerade für Einzelarbeitsplätze relevanten Sachverhalte zitiert werden:

Meldeeinrichtungen und -maßnahmen

§ 4. Der Unternehmer hat unter Berücksichtigung
der betrieblichen Verhältnisse, wie Ausdehnung und
Struktur des Betriebes durch Meldeeinrichtungen und
organisatorische Maßnahmen sicherzustellen, daß
unverzüglich die notwendige Hilfe herbeigerufen und
an den Einsatzort geleitet werden kann.

Durchführungsanweisung
zu § 4:

Um in jedem Fall die nötige Hilfe anfordern und ein-
setzen zu können, ist es zweckmäßig einen Alarmplan
aufzustellen. Unter Umständen reicht der Fernsprech-
anschluß mit Angabe der Notruf-Nummer aus. Sofern die
öffentliche Notrufzentrale nicht direkt angewählt
werden kann, ist eine während der Arbeitszeit ständig
besetzte Meldestelle zu empfehlen, die den innerbetrieblichen Notruf aufnehmen und eine erforderliche
Alarmierung des öffentlichen Rettungsdienstes vor-
nehmen kann. Außerdem sollte der Unternehmer prüfen,
ob er das innerbetriebliche Meldesystem so einrichten
kann, daß in der Zentrale erkennbar ist, wo der Notruf abgegeben wird. Sofern es nicht möglich ist,
auf stationäre Meldeeinrichtungen zurückzugreifen,
so wird der Unternehmer zu prüfen haben, ob trag-
bare funktechnische Einrichtungen gefährdeten Arbeitnehmern zur Verfügung zu stellen sind.

Unverzüglich heißt ohne schuldhaftes Zögern.

Sofern sich der Ersthelfer nicht unmittelbar am Unfallort befindet, ist er herbeizurufen.

Auf die Notwendigkeit eines <u>Alarmplanes</u> wurde bereits mehrfach hingewiesen. Die Interviews haben gezeigt, daß diese
Forderung auch weitgehend beachtet wird. Auch die Frage der
<u>Lokalisierung</u> eines Verunfallten ist aufgegriffen, was gerade
bei ortsungebundenen Einzelarbeitsplätzen die Notwendigkeit
der Aufstellung und Einhaltung eines Weg- und Zeitplanes
auch in diesem Punkt noch hervorhebt. Bei Eintritt eines
Alarmfalles sollten folgende Schritte Beachtung finden:

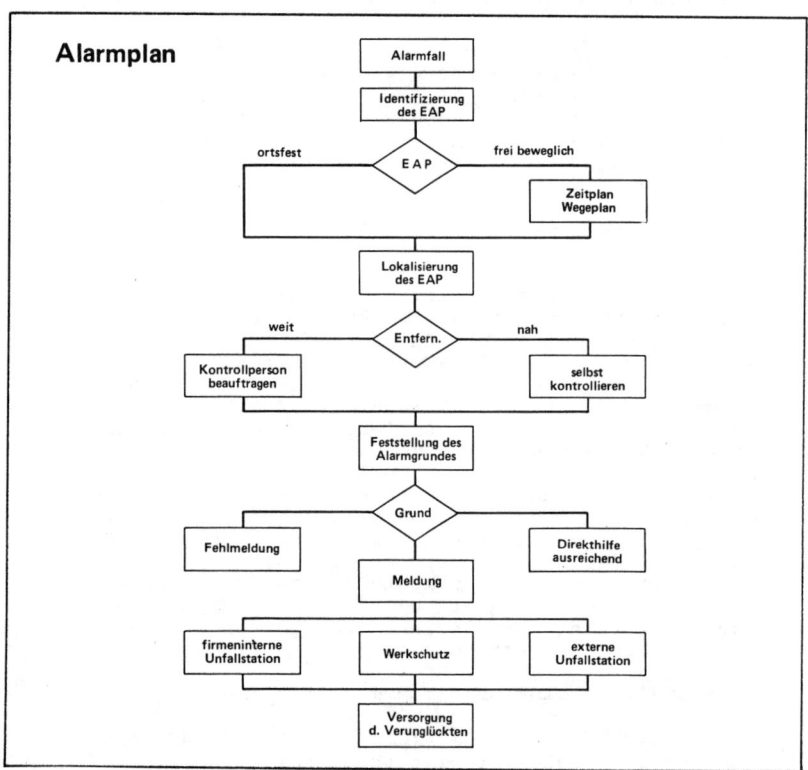

Bild 25: Handlungsschema nach Eintritt eines Alarmfalles.

Der Zeitraum vom Alarmfall bis zur Versorgung des Ver-
unglückten soll dabei nicht länger als bei den anderen
"Nicht-Allein-Arbeitern" innerhalb des jeweiligen Betriebes
sein. Die Zeit dürfte etwa zwischen 5 und 15 Minuten liegen.

5.   Systemanalysen

Im Forschungsbericht Nr. 326 haben wir fünf Personensicherungssysteme vorgestellt und hinsichtlich ihrer
Einsatzmöglichkeiten analysiert. Wir werden in dieser
Arbeit weitere Systeme nicht in der aufwendigen Form
darstellen, halten es jedoch für interessant genug, auf
neuere Tendenzen in der Entwicklung von Sicherungssystemen
in den letzten Jahren hinzuweisen. Als wesentlich und
eventuell auch hilfreich betrachten wir die Diskussion um
die zu stellenden Mindestanforderungen an Sicherungsgeräte,
die an Einzelarbeitsplätzen eingesetzt werden.

5.1 Technische Weiterentwicklungen

Ausgehend von der Tatsache, daß der Zweck einer Personen-
sicherungsanlage nur dann erreicht wird, wenn nach Ein-
treffen des Notrufs ein rasches Auffinden der verunfallten
Person erreicht wird, hat die Firma A. Grotjahn ihre
bisherige Funk-, Personen-Sicherungsanlage TL 700 um ein
Lokalisierungssystem erweitert und die neue Bezeichnung
TL 800 eingeführt.

Mit einem neuen elektronischen Aufbau besteht nunmehr die
Möglichkeit, bei einem Unfall gleichzeitig mit der ausge-
lösten Alarmmeldung auch eine genaue Ortskennung auf dem
Betriebsgelände, wo sich die abgesicherte und zu Schaden
gekommene Personen befindet, an der Zentrale anzuzeigen.
Um eine derartige Lokalisierung zu erreichen, werden auf
dem zu sichernden Betriebsgelände Infrarotgeber an bestimmten Standorten installiert und an ein vorhandenes
Stromnetz angeschlossen. Diese Infrarotgeber strahlen

bestimmte Ortskennungssignale aus. Bei einem Unfall der
abgesicherten Person wird vom Signalgeber ein Alarm an
die Zentrale gemeldet. Gleichzeitig wird das vom Signalgeber zuletzt registrierte Infrarot-Ortskennungssignal als
Unfallort mit übermittelt. Diese Ortskennung kann bei
Alarmmeldung des Signalgebers an der Zentrale der Anlage
duch Leuchtziffern, Bildschirm und Drucker angezeigt werden.

5.2 Neuere Sicherungssysteme

Wenn wir an dieser Stelle über zwei weitere Personensicherungssysteme berichten, so geschieht dies, weil es sich um weiter-
entwickelte Funksprechgeräte mit der Möglichkeit von automatischen Notrufen und einer Lokalisierung der gesicherten
Person handelt.

Das Funkmeldesystem "Guard Tour" der Firma Motorola besteht
aus einer Empfangsstation mit Bedienzentrale und Drucker,
Handsprechfunkgeräten MX 300 mit Bedienteil und sogenannten
Kontrollpunkten, die im zu sichernden Werksbereich installiert
sind. Mit Hilfe eines Computers besteht die Möglichkeit, die
Einhaltung vorgegebener Touren nach Zeit und Reihenfolge zu
überwachen. Mit Hilfe des am Handsprechfunkgerät angebrachten
Bedienteils findet jeweils an den installierten Kontrollpunkten eine Stechung statt, die vom Computer registriert wird.
Damit ist unter anderem eine Lokalisierung der Person sehr
rasch nachvollziehbar, sobald ein willentlicher bzw. willens-
unabhängiger Alarm in der Zentrale ankommt. Ein stiller Notruf kann willentlich durch Niederdrücken eines Alarmschalters
an der Oberseite des Sprechfunkgerätes ausgelöst werden.

Darüber hinaus ist das System in der Lage, automatisch und
willensunabhängig Alarm auszulösen. Ein Lagealarm (Totmannschaltung) wird durch veränderte Körperhaltung ausgelöst,
wenn das Handsprechfunkgerät länger als zum Beispiel 45 Sek.
(veränderlich) aus der Senkrechten gebracht wird. Ein
Bewegungsalarm erfolgt, bei nicht registrierter Körperbewegung nach 30 Sek. (veränderlich), angekündigt durch einen
Voralarm. Dabei wird vom Gerät ein laut hörbarer Signalton
abgegeben, um eine schnelle Auffindung zu gewährleisten.

Eine ähnliche technische Lösung bietet die Firma Storno
mit der Funkstechuhr FSU 800 an. Dieses System besteht aus
drei Komponenten:

- Handsprechfunkgerät CQP 800 U.
- Nicht manipulierbarer, energieunabhängiger Meldepunkt.
- Computergesteuerte Auswertereinrichtung.

Um die Mindestvoraussetzung für die Sicherung eines gefährlichen Einzelarbeitsplatzes zu erfüllen, muß das Gerät jedoch zusätzlich mit einer elektronischen Notruflogik ausgerüstet werden. Eine automatische, willensunabhängige Akti-
vierung erfolgt, wenn das Gerät z. B. 20 Sek. ca. 60 Grad
aus der Senkrechten gebracht wird (Lagealarm). Erkennt der
Auswerter einen Notfall, wird ein akustischer Alarm ausgelöst; gleichzeitig wird auf einem Monitor der Notfall auch
optisch hervorgehoben.

Fazit: Die genannten Systeme dienen dem Personenschutz und
       der Dokumentation und Datenaufbereitung der Wachgänge.
       Somit sind sie für die gesamte Palette zu sichernder
       Einzelarbeitsplätze nur begrenzt einsetzbar.
       Die Akzeptanz dieses Systems dürfte im Rahmen der
       automatischen, willensunabhängigen Sicherungs-
       systeme liegen. Es liegen derzeit allerdings nur
       kasuistische Erfahrungen, keine empirischen Befunde
       vor.

5.3 Mindestanforderungen an Personensicherungsgeräte

Da diese Geräte einen entscheidenden Beitrag zur Sicherung
von Leben und Gesundheit allein arbeitender Personen zu
leisten haben, müssen hinsichtlich ihrer Art und Ausführung
strengere Maßstäbe angelegt werden, als dies beispielsweise
bei handelsüblichen Handsprechfunkgeräten der Fall ist.
Hieraus ergeben sich im einzelnen folgende Forderungen, die
zum großen Teil auch auf eine nunmehr 6-jährige Erfahrung
beim Umgang mit den Geräten im Rahmen der Untersuchungen
zu diesem Thema beruhen.

5.3.1 Funktionen

Grundvoraussetzung für die Eignung zum Personensicherungsgerät ist die Möglichkeit zur Durchführung von Sprechfunk-
verkehr mit einer Zentrale, Schaltwarte oder einer anderen
vergleichbaren Stelle. Dies ist erforderlich, um als vor-
beugende Maßnahme bei Zweifeln an der Sicherheit in einer
bestimmten Situation den nötigen Informationsaustausch zu
gewährleisten. So kann im Falle einer Gefahr, die von dem
Einzelarbeiter nicht unmittelbar erkennbar ist, dieser
rechtzeitig zu entsprechenden Sicherungsmaßnahmen oder zum
Verlassen seines Arbeitsplatzes veranlaßt werden.

Zusätzlich ist zu fordern, daß der Mitarbeiter die Möglichkeit haben muß, etwa durch Betätigen einer speziellen Taste
des Gerätes eine automatisch ablaufende Notrufmaßnahme ein-
zuleiten, die mindestens eine unmittelbare Alarmierung der
Zentrale beinhaltet. Dies kann von entscheidender Bedeutung
sein, wenn sich der Mitarbeiter beispielsweise eine ernst-
hafte Verletzung zugezogen hat und zu weitergehenden Selbst-
hilfemaßnahmen nicht mehr in der Lage ist.

Daneben muß das Personensicherungsgerät willensunabhängig
einen Alarm auslösen, wenn Umstände, die mit der Art der
Tätigkeit nicht in Einklang zu bringen sind, eindeutig
darauf schließen lassen, daß dem Mitarbeiter etwas zuge-
stoßen sein muß. Bei Tätigkeiten, die eine aufrechte Ar-
beitshaltung bedingen, ist dies durch einen lageabhängigen
Alarm realisierbar. Der hierfür verwendete Sensor wird auch
Unfallmelder genannt, weil der Alarm ausgelöst wird, wenn
der Mitarbeiter mit dem am Körper zu tragenden Gerät von
der senkrechten Haltung um mehr als einen bestimmten Winkel
abweicht. Arbeiten, die in allen möglichen Körperhaltungen
ausgeführt werden und von daher einen Lagealarm nicht zu-
lassen, erfordern den Einsatz eines Bewegungsmelders, der
bei Ausbleiben der Körperbewegung Alarm auslöst. Selbstverständlich sind auch Tätigkeiten denkbar, für die eine Kombination dieser beiden willensunabhängigen Maßnahmen sinnvoll ist.

Erwähnt, jedoch nicht als Mindestanforderung aufgestellt,
seien in diesem Zusammenhang Möglichkeiten, einen verunfallten Mitarbeiter zu orten, der einer räumlich nicht eng
begrenzten Tätigkeit nachgeht. Eines der untersuchten
Systeme verbindet mit einem willensunabhängigen Alarm eine
automatische Sequenz, die aus abwechselndem Senden der Umgebungsgeräusche zur Zentrale und Aussenden eines weit
hörbaren akustischen Signals besteht. Bei nicht zu starken
sonstigen Umgebungsgeräuschen ist dies eine wertvolle Hilfe
zum Auffinden der Person. Technisch aufwendiger, aber auch
effektiver, ist die Möglichkeit, zum raschen Lokalisieren
eines Verunfallten neben der Alarmkennung auch eine Ortskennung bei willensunabhängigem Alarm zur Zentrale zu senden.
Hierzu wird in dem zu sichernden Areal eine hinreichende
Anzahl von Infrarotsendern fest installiert, deren indivi-
dueller Code vom Personensicherungsgerät empfangen, ge-
speichert und bei Bedarf ausgesendet wird. Unabhängig von
der Intensität der Umgebungsgeräusche ermöglicht dies eine
schnelle Bergung und Versorgung der Person.

5.3.2 Gebrauchseigenschaften

Da man damit rechnen muß, daß die allein arbeitende Person
durch plötzlich auftretende Gefahren in eine typische Streß-
situation gerät, kommt der Bedienung besondere Bedeutung zu.
Sie muß grundsätzlich unkompliziert sein. Funksprechverkehr
und manuelle Alarmauslösung müssen mit Hilfe großer Tasten
abzuwickeln sein, die auch mit Arbeitshandschuhen noch be-
dient werden können. Daneben ist eine eindeutige räumliche
Anordnung der Bedienungselemente wichtig, um einer Ver-
wechslung der Tasten weitestgehend vorzubeugen. Unmittelbar
nebeneinanderliegende Sprech- und Notruftasten sind hierzu
ungeeignet. Die Sprechtaste sollte, wie üblich, an der Seite,
die Notruftaste an der Oberseite des Gerätes angebracht sein.
Je nach Art der zu verrichtenden Tätigkeit muß eine sichere
Befestigungsmöglichkeit gegeben sein, die den Mitarbeiter
möglichst wenig in seiner Bewegungsfreiheit einschränkt;
hierzu eignen sich eine entsprechende Tragetasche und ein
Koppel- oder Schulterhalfter.

5.3.3 Funktionssicherheit

Wegen der besonderen Einsatzsituation ist für Personensicherungsgeräte ein erhöhtes Maß an Zuverlässigkeit zu
fordern. Trotz ausgeprägter Sicherheitsrelevanz der Geräte
waren einige elektrische Defekte festzustellen, z.B. ein
nicht funktionsfähiges Bedienteil.

Da die Geräte üblicherweise eine FTZ-Zulassung haben, kann
man davon ausgehen, daß sie die allgemeinen Anforderungen bezüglich des Funkschutzes erfüllen und somit eine gewisse
Sicherheit gegen Auslösen von Fehlalarmen gegeben ist.

Einen weiteren Schutz gegen das Auslösen von Fehlalarmen
bieten die Ansprechzeiten sowohl für Lage- und/oder Bewegungs-
melder als auch für den manuellen Alarm. Individuelle Eigenschaften des jeweiligen Einsatzfalles können durch geeignete
Auswahl dieser Zeiten berücksichtigt werden. Deren Festlegung erfolgt häufig bereits bei Bestellung des Gerätes und
wird durch Programmierung eines PROM realisiert. So wird ver-
hindert, daß beispielsweise ein Lagealarm ausgelöst wird,
sobald sich der Mitarbeiter nur einmal zu einem zu Boden ge-
fallenen Teil herabbeugt, um es wieder aufzuheben. In diesem
Zusammenhang hat sich bei den willensunabhängigen Alarmen die
Einrichtung eines Voralarmes als besonders nützlich erwiesen.
Dieser informiert den Mitarbeiter durch ein kurzes akustisches
Signal darüber, daß in wenigen Sekunden eine automatische
Alarmierung der Zentrale erfolgt, falls die der Alarmierung
zugrundeliegende Bedienung nicht unverzüglich aufgehoben wird.
Dies trägt der Tatsache Rechnung, daß sich nicht jede im
Gebrauch vorkommende Situation in ein Schema fest vorpro-
grammierter Ansprechzeiten einordnen läßt, ohne daß dadurch
die Sicherheitsfunktion willensunabhängig arbeitender Ein-
richtungen beeinträchtigt wird.

In Bezug auf Fragen der Funkausleuchtung zum Vermeiden von
Funkschatten sind weniger Forderungen an die Geräte, sondern
vielmehr an den verantwortungsbewußten Einsatz zu stellen,
z. B. dem Aufbau von Relais-Antennen. Dieser Problematik
ist vor jedem neuen Einsatzfall individuell Beachtung zu
schenken.

Erwähnt sei, daß es auch hier technische Möglichkeiten gibt,
ein Eintreten in den Funkschatten zu erkennen. Dazu werden
zwischen dem Personensicherungsgerät und der Zentrale zyk-
lisch Signale ausgetauscht, an deren Ausbleiben die Zentrale
den Eintritt in den Funkschatten feststellen kann. Hierdurch
ist die Möglichkeit gegeben, den Mitarbeiter z. B. per nahe-
gelegenem Telefon zum Verlassen seines derzeitigen Aufenthalt-
ortes aufzufordern, so daß der ungestörte Funkkontakt wieder-
hergestellt wird.

Ein anderes funktechnisches Problem können weitere stärkere
Sender auf der gleichen Frequenz bedeuten. Zur Abhilfe ist
denkbar, daß die Personensicherungsgeräte grundsätzlich einen
Pilotton mitsenden, an dessen Fehlen die Zentrale einen
fremden Sender erkennen kann, um ihn zur Freigabe der Frequenz
aufzufordern. Ein weiterer Ausweg wäre auch das Ausweichen
auf eine zweite Trägerfrequenz.

Dies sind jedoch Maßnahmen, die über Mindestanforderungen
hinausgehen.

5.3.4 Stromversorgung

Die einwandfreie Funktion der Personensicherungsgeräte mit
all ihren speziellen Eigenschaften ist prinzipiell von einer
gesicherten Energieversorung abhängig. Da die zur Beurteilung
vorliegenden Geräte ausschließlich mit wiederaufladbaren
Nickel-Cadmium-Zellen ausgerüstet waren, soll die Definition
von Mindestanforderungen auf diese Art der Energieversorung
beschränkt bleiben.

Voraussetzung für einen ungestörten und dauerhaften Betrieb
der Geräte während ihres jeweiligen Einsatzes ist die Verwendung von Akkus ausreichender Kapazität und entsprechenden
Ladezustandes. Gerade die Kapazität der Zellen unterliegt
aber einer Alterung, die umso stärker ist, je ungünstiger die
Lade- und Entladevorgänge ablaufen. Um für den Notfall eine
hinreichende Energiereserve zu garantieren, werden Personensicherungsgeräte mormalerweise mit Akkus ausgerüstet, deren
Nennkapazität deutlich über das hinausgeht, was für den ge-
wöhnlichen Einsatzfall ausreichend wäre. Das führt dazu, daß
die Zellen in aller Regel nur sehr wenig entladen werden.

Ein zweiter Gesichtspunkt ist in diesem Zusammenhang die
verbreitete Gewohnheit, die Geräte bis zum nächsten Einsatz
in den Ladegeräten aufzubewahren, anstatt sie nur kurz nach-
zuladen. Beides, geringes Entladen und häufiges Überladen,
führt bei NiCd-Akkus zu einer raschen Verringerung der
Kapazität, so daß man bereits nach relativ kurzer Zeit schon
nicht mehr mit dem im Ernstfall benötigten Energievorrat
rechnen kann.

Ebenso ungünstig wirken sich die teilweise sehr kurzen Lade-
zeiten (eine Stunde) auf die Kapazität der Zellen aus. Eine
Möglichkeit, um hier Vorsorge zu treffen, ist ein turnus-
mäßiger Ersatz der Zellen ohne weitere Prüfung und gegebenen-
falls deren weitere Verwendung in sicherheitsunempfindlichen
Bereichen. Dies scheidet allerdings häufig wegen der geräte-
spezifischen Ausführung der Akku-Packs oder wegen Fehlens
solcher Bereiche aus. Eine elegantere Lösung ist in Gestalt
eines intelligenten Ladegerätes denkbar, welches z. B. durch
die in DIN 40764 beschriebene Kapazitätsprüfung nicht nur
eine gezielte Überwachung der Kapazität sicherstellt, sondern
durch Ersatz der im Betrieb fehlenden Entladung auch für eine
erheblich längere Lebensdauer sorgt. Dem Nachteil eines etwas
höheren Einstandspreises für ein solches Gerät stünden eine
sicherere Energieversorung und sinkende Kosten für die Be-
schaffung der Akkus gegenüber.

Im übrigen sollte das Schnelladen der Zellen Ausnahmefällen
vorbehalten bleiben.

5.3.5 Schutz gegen mechanische und klimatische Einwirkungen

Die Personensicherungsgeräte müssen sowohl unter den zu er-
wartenden klimatischen Bedingungen als auch bei einer rauhen
Behandlung, mit der im üblichen Gebrauch gerechnet werden muß,
zuverlässig arbeiten.

Der Betriebstemperaturbereich sollte Temperaturen zwischen
-20 Grad Celsius und 70 Grad Celsius umfassen, womit die
üblichen Einsatzfälle in aller Regel abgedeckt sind.

Gegen das Eindringen von Fremdkörpern oder Wasser in schäd-
lichem Umfang sind die Geräte in den meisten Fällen in der
Schutzart IP 54 nach DIN 40050 ausgeführt, d. h. sie sind
spritzwasser- und staubgeschützt. Dies ist in allen Fällen
ausreichend in denen der Mitarbeiter keine besondere Schutz-
kleidung tragen muß.

Von gleicher Bedeutung ist die Unempfindlichkeit gegenüber
Stößen und Vibration. Bezüglich der Schockbeanspruchung
wird eine Prüfung mit einer Beschleunigung von 100 g
(g = Erdbeschleunigung) für eine Dauer von 6 ms nach
DIN 40046 Teil 7 als ausreichend angesehen; dies entspricht
einem Aufprall auf eine Buchenholzplatte aus 1 Meter Höhe.

Als Nachweis der Unempfindlichkeit gegenüber Vibration
ist ein Rütteltest mit 0,35 mm Auslenkung und maximal 5 g
bei einer Frequenz von 10 bis 55 Hz anzusehen.

5.3.6 Akzeptanzfördernde Mindestanforderungen

Über die diskutierten rein technischen Mindestanforderungen
hinaus erscheinen einige Überlegungen sinnvoll, wie die
Akzeptanz der Systeme noch verbessert werden könnte.

Rein äußerlich muß das Personensicherungssystem nach Gewicht
und Größe so beschaffen sein, daß es der Träger nicht als zu
schwer und unhandlich empfindet. Dies trifft selbstverständlich nur für die Systeme zu, deren Sender am Körper zu tragen
ist. Ein Gewicht von ca. 250 bis 350 g erscheint dabei recht
akzeptabel.

Für Geräte, die an ortsfesten Standorten eingesetzt werden,
ist eine Trennung des Senders, der z. B. fest an einer Wand
installiert werden könnte, und eines am Körper zu tragenden
Sensors sinnvoll. Der Sender könnte an das normale Stromnetz angeschlossen werden. An völlig abgelegenen Stellen kann
eine Verbindung zum Empfänger über Kabel hergestellt werden,
sodaß Funkschattenprobleme entfallen. Die kurze Funkverbindung
zwischen Sensor und Sender ist unproblematisch.

Gerade neu auf dem Markt erscheinende Systeme können mit Hilfe
der elektronischen Datenverarbeitung eine Vielzahl von zusätzlichen Funktionen speichern, die auch der Kontrolle der Person
gelten können, wobei nicht nur sicherheitsrelevante Aspekte
eine Rolle spielen müssen. Der Sicherheitsingenieur sollte
bei der Installierung eines Systems darauf achten, daß nicht
ein Gefühl der absoluten Überwachung des Mitarbeiters besteht.
Im Interesse der Sicherheit ist es vorteilhafter, die technischen Möglichkeiten eines Systems nicht voll auszunutzen
oder auf sie ganz zu verzichten, da die praktischen Erfahrungen zeigen, daß das System ansonsten überhaupt nicht
benutzt wird und somit nur eine Alibifunktion erfüllt. Es
ist technisch sicher möglich, den Aufenthaltsort einer zu
sichernden Person so zu anonymisieren, daß dieser erst im
konkreten Alarmfall quasi durch die geschützte Person selbst
preisgegeben wird.

Für die Zentrale muß gelten, daß nur der akustische Alarm
gelöscht wird. Ansonsten muß der Alarm in irgendeiner Form
schon dokumentiert werden - hier bietet die EDV elegante
Lösungswege an -, um spätere Behauptungen zu widerlegen, es
sei gar kein Alarm ausgelöst worden.

6. Entscheidungshilfen für die Wahl der geeigneten
   Sicherungsart

Wollen wir dem interessierten Leser praktische Hinweise
liefern, welche Sicherungsart sich für bestimmte Einzelarbeitsplätze eignet, so muß zunächst noch einmal ver-
deutlicht werden, welche Kriterien nach den Unfallverhütungsvorschriften (siehe Anhang IV) erfüllt sein müssen,
damit ein Alleinarbeiten zu einem überwachungsbedürftigen
Einzelarbeitsplatz wird:

> Der Arbeitsplatz befindet sich außer Sicht- und
> Rufweite, der Mitarbeiter ist zur Durchführung
> einer Arbeit beauftragt worden, die mit einer
> Gefährdung - entweder von der Tätigkeit oder der
> Umgebung her - versehen ist.

SPERLING (1983) stellte ein Bewertungsschema für eine
Arbeitsplatzanalyse vor, welches hier wegen der Prägnanz
kurz vorgestellt werden soll.

Der Typus des Arbeitsplatzes (Punkt I) wird dabei unterteilt in

- Nap = normaler Arbeitsplatz (z.B. Betriebe, Werkstätten)

- Xap = exponierter Arbeitsplatz (z.B. Gerüste, Krane,
                                 Behälterinnenräume)
- Aap = Allein-Arbeitsplatz (z.B. Werkzeugausgaben, Lager)

- Eap = Einzelarbeitsplatz (z.B. Tanklager, Abfüllanlagen).

Bild 26: Analyseschema zur Bewertung der Allein-Arbeit
nach SPERLING

Bewertungs-Schema, Allein-Arbeitsplatz Nr. _____ Stand: _____

Betrieb: _____ Anlage/Geb.: _____

I. Arbeitsplatz _____

Eigenschaft von:			Bemerkung
Durchführung	Arbeitsbereich	Arbeitsplatz	
in Gruppe	einsehbar, in Rufweite	Nap normaler Arbeitsplatz	keine besondere Sicherung
	von Umgebung abgeschlossen	Xap exponierter Arbeitsplatz	Sicherung entspr. Gefährdung
alleine	einsehbar, in Rufweite	Aap Allein- Arbeitsplatz	Sicherung entspr. Gefährdung
	von Umgebung abgeschlossen	Eap Einzel- Arbeitsplatz	Überwachung entspr. Gefährdung

II. Gefährdung

Zustand von:			Bemerkung
Tätigkeit	Umgebung	Arbeitsdurchführung	
ungefährlich	ungefährlich	0 nicht gefährdet	keine Überwachung
	gefährlich	1 leicht gefährdet	Überwachung
gefährlich	ungefährlich	2 gefährdet	Überwachung/ Maßnahmen
	gefährlich	3 erhöht gefährdet	Einzel-Arbeit nicht zulässig!

III. Einzel-Arbeitsplatz

Art Einzel-Arbeitsplatz		Art Überwachungsmethode	
ortsfest	(stationär)	A	Arbeitsplatzüberwachung
ortsbeweglich	(instationär)	P	Personenüberwachung

IV. Einzel-Arbeiter

Anforderungen						
18 Jahre		Ausbildung Erfahrung		Routine		Arbeits- anweisung

V. Ergebnis

Zu I.

Nap	Xap	Aap	Eap

Keine Sicherung/Sicherung/Überwachung erforderlich

Zu II.

0	1	2	3

Keine Überwachung/Überwachung/Maßnahmen erforderlich/ausreichend

Zu III.

A	P	Methode:

_____

Zu IV.   Anforderungen: _____

Datum/Unterschrift: _____

Eine zweite Matrix (Punkt II) bewertet den Zustand (Gefährdung) während der Arbeitsdurchführung, der durch die Tätigkeit (z.B. Umgang mit gefährlichen Arbeitsstoffen, mit
Werkzeugen hoher Energie) oder durch die Umgebung (z.B.
spannungsführende Teile in Schaltwarten, Hochdruck- und
Kälteanlagen, Strahlungsbereiche) gegeben ist. Durch Kombination der für den Zustand der Arbeitsdurchführung zu-
treffenden Begriffe von "ungefährlich" und "gefährlich"
ergibt sich eine Bewertung des mit dem Arbeitsauftrag
verbundenen Gefährdungsgrades:

- 0 = nicht gefährdet (keine Maßnahmen, da keine Über-
        wachungspflicht gegeben)
- 1 = leicht gefährdet (Überwachung erforderlich)

- 2 = gefährdet (Überwachung und ggfs. Maßnahmen
        erforderlich)
- 3 = erhöht gefährdet (Einzelarbeit nicht zulässig).

Wird zum Beispiel bei Punkt I "Eap" und unter Punkt II
der Gefährdungsgrad Nr. 2 angekreuzt, so kann daraus folgende Information abgeleitet werden:

1. Es ist ein Einzelarbeitsplatz,

2. der Eap ist gefährdet,

3. der Eap ist überwachungspflichtig,

4. Einzelarbeit ist noch zulässig.

Die unter Punkt III vorgenommene Differenzierung des Einzelarbeitsplatzes nach ortsfest/ortsbeweglich (in unserem bisherigen Sprachgebrauch = ortsungebunden) erscheint nach
unseren Erkenntnissen um die Variablen

innerhalb/außerhalb des Betriebes und

ständig/nur zeitweise installiert

ergänzungsbedürftig, weil sich hieraus Einschränkungen über
die Art der Sicherungsmaßnahmen ableiten lassen.

Unter einem ortsfesten Einzelarbeitsplatz verstehen wir
eine Tätigkeit an einer von der Umgebung abgeschlossenen
Stelle. Ortsbeweglich (=ungebunden) ist ein Einzelarbeitsplatz, wenn eine Tätigkeit in zeitlicher Abfolge an verschiedenen Orten durchgeführt wird.

In Punkt IV werden die Anforderungen an den Einzelarbeiter
aufgeführt, der durch Vorbildung, spezifische Kenntnisse,
Routine und persönliche Eigenschaften - abgeleitet aus den
Erläuterungen zu § 36 Abs. 1 UVV - hierzu besonders befähigt sein muß.

Die Ergebnisse (Punkt V) werden angekreuzt, woraus dann die
zu wählende Sicherungsart abgeleitet wird.

Aus unseren Interviews und den statistischen Analysedaten
haben wir zusammengestellt, welche Sicherungsmaßnahmen sich
für die einzelnen Arten von Einzelarbeitsplätzen am ehesten
anbieten:

Tabelle 24   Möglichkeiten der Sicherung unter Berücksichtigung der spezifischen Arten von Einzelarbeitsplätzen.

		ortsfest	ortsungebunden
ständig einge-richtet	im Betrieb	1 Sichtweite 2 Kontrollgänge 3 Telefon 4 Sonstige 5 PSS*	1 Telefon 2 Sprechfunk mit Totmannschalter 3 PSS
	außerhalb	1 Telefon 2 Sprechfunk mit Totmannschalter 3 PSS	1 Sprechfunk mit Totmannschalter und Lokali-sierung 2 PSS
zeitweise einge-richtet	im Betrieb	1 Sichtweite 2 Kontrollgänge 3 Telefon 4 Sonstige Systeme 5 PSS	1 Telefon 2 Sprechfunk
	außerhalb	1 Kontrollgang 2 Telefon 3 Sprechfunk 4 PSS	1 Sprechfunk 2 PSS

*PSS = automatische, willensunabhängige Personensicherungs-
systeme

Die gewählte Reihenfolge stellt keine Häufigkeitsverteilung
dar, sondern ist einerseits nach der Staffelung aufgrund
der UVV1 § 36, andererseits nach dem Aufwand und den Kosten
vorgenommen worden.

Nach Analyse der Art des Einzelarbeitsplatzes verbleibt die
Aufgabe, aus den oben angegebenen Möglichkeiten diejenige
Sicherungsart herauszufiltern, die den spezifischen Gegeben-
heiten am ehesten Rechnung trägt.

Bevor wir hierauf noch genauer eingehen, wollen wir unser
Augenmerk jedoch auf einen Sachverhalt richten, der in der
Praxis des öfteren eintreten dürfte: Die Analyse kann ergeben, daß die zu verrichtende Allein-Arbeit sowohl von der
Tätigkeit als auch von der Umgebung her als gefährliche
Arbeit einzustufen ist. In der Mehrheit der Fälle müßte bei
der Verrichtung dieser Tätigkeit eine zweite Person zur
Aufsicht hinzugezogen werden. Bei genauerer Untersuchung
ist jedoch nicht auszuschließen, daß durch spezielle Veränderungen (z.B. Verbesserung der Sicherheitseinrichtungen
an Maschinen, Anbringen von Schutzgeländern, Optimierung
der Sicherheitsanweisungen etc.) das Gefahrenpotential
soweit reduziert werden kann, um dennoch die Einrichtung
eines Einzelarbeitsplatzes verantworten zu können. Nach
entsprechender Rückführung eines "erhöht gefährdeten"
und damit unzulässigen Einzelarbeitsplatzes auf einen
"gefährdeten" und damit bei entsprechender Sicherung möglichen Einzelarbeitsplatz wäre das gesamte Bewertungs-
schema neu durchzuarbeiten.

Zurückgehend auf die in der obigen Tabelle aufgezeigten
Sicherungsarten stellen wir ein von SPERLING (1983) er-
örtertes Flußdiagramm vor, welches gleichzeitig die erforderlichen organisatorischen Maßnahmen mit berücksichtigt.
Deren Bedeutung haben wir bereits unter Punkt 4.2.5 deutlicher hervorgehoben.

Bild 27:   Flußdiagramm für die Sicherungsorganisation
           eines Einzelarbeitsplatzes nach SPERLING

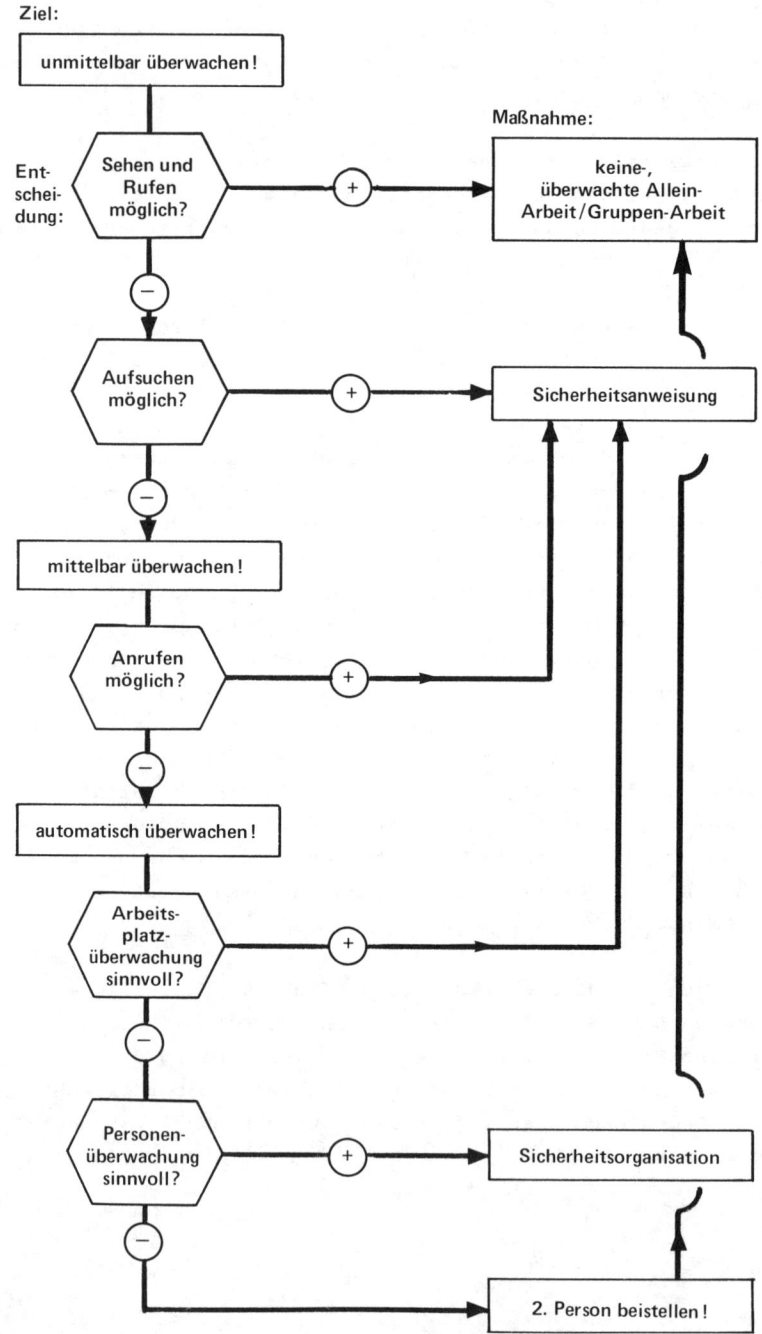

Wie kann nun eine solche Sicherheitsanweisung aussehen?
Am Beispiel eines Laborarbeiters, der außerhalb der normalen
Arbeitszeit am Wochenende tätig wird, soll diese exempla-
risch gezeigt werden:

> Vor Arbeitsbeginn meldet sich der Mitarbeiter beim
> zuständigen Vorarbeiter. Dieser trägt die Uhrzeit
> des Arbeitsbeginns in ein Kontrollbuch ein und ruft
> in entsprechenden Zeitabständen, z. B. stündlich
> im Labor an. Der Mitarbeiter im Labor hat jeden An-
> ruf im Kontrollbuch einzutragen und sich nach Beendi-
> gung seiner Tätigkeit beim zuständigen Vorarbeiter
> telefonisch oder mündlich abzumelden und die Uhr-
> zeit im Kontrollbuch einzutragen.

> Durch eine schriftliche Anweisung ist sichergestellt,
> daß die Anrufe zur festgelegten Zeit tatsächlich er-
> folgen und in einem Kontrollbuch festgehalten werden.

Die Anweisung lautet wie folgt:

Anweisung zur Personensicherung

Entsprechend den Forderungen für überwachungspflichtige
Einzelarbeitsplätze für das Labor:

Nach UVV 1 § 36 und Arbeitsstättenverordnung § 27 muß
sich der Mitarbeiter vor Arbeitsbeginn beim zuständigen
Vorarbeiter (Schichtführer) oder dessen Stellvertreter
melden.

Sowohl diese Meldung als auch die vereinbarten stündlichen Kontrollanrufe und die Abmeldung nach Beendi-
gung der Tätigkeit müssen in einem Kontrollbuch
(mit Datum, Uhrzeit, Namen) eingetragen werden. Die
stündlichen Kontrollanrufe werden vom Schichtführer
oder dessen Stellvertreter durchgeführt. Die Eintragungen in das Kontrollbuch werden vom Mitarbeiter
im Labor durchgeführt.

Wird der Anruf von dem Alleinarbeiter nicht angenommen, wird unmittelbar der Laborraum vom Schichtführer bzw. dessen Stellvertreter aufgesucht. Bei
Unfall, Verletzung etc. wird unmittelbar vom Labor
aus laut Betriebsanweisung Rettungsalarm ausgelöst.

Auch bei automatischen, willensunabhängigen Personensicherungssystemen ist es notwendig, Aufgaben und Kompetenzen
klar zu verteilen. Wie eine klare Handlungsanweisung ge-
gliedert werden kann, wird am Beispiel eines Einzelarbeitsplatzes in einem metallverarbeitenden Betrieb deutlich:

Ein Beschäftiger arbeitet in einem Raum ganz allein.
Er ist zur Sicherung mit einem automatischen, willensunabhängigem Personensicherungssystem (Compur 4200)
ausgerüstet, welches sowohl einen sogenannten Lage-
als auch Bewegungsalarm auslösen kann. Die Zuständig-
keiten im Störfall sind schriftlich in einer Bedienungs-
anweisung wie folgt festgelegt:

Bedienung des Personensicherungsgerätes

1. Sendereinheit entnehmen.

2. Bewegungssensor einschrauben.

3. Die Sendereinheit in das Lederetui stecken und am
   Hosengürtel befestigen.

4. Anlage einschalten.
   Das Gerät ist so eingestellt, wenn innerhalb von
   90 Sekunden keine Bewegung stattfindet, gibt es
   auf unserer Betriebsklingelanlage ein <u>Dauerklingel-</u>
   <u>zeichen</u>. Sollte ein Dauerklingelzeichen ertönen,
   muß sofort jemand zur neuen Halle und kontrollieren,
   ob dem Mitarbeiter etwas passiert ist:

Von o6.oo bis o7.oo Uhr der Schichtführer der
                          Frühschicht;
von o7.oo bis 16.oo Uhr Herr ...... oder
                          Herr ...... oder
                          Herr ......;
von 16.oo bis 22.oo Uhr der Schichtführer der
                          Spätschicht.

5. Beim Schichtwechsel muß die Batterie gewechselt
   werden. Es muß immer eine Batterie in dem Lade-
   rät sein.

6. Zum Feierabend wird die Sendereinheit aus dem
   Lederetui genommen, der Bewegungssensor abge-
   schraubt.

7. Das Ladegerät wird aus der Halterung der Zentrale
   entnommen und zur Seite gelegt.

8. Die Sendereinheit wird mit der Antenne nach unten
   in die Halterung der Zentrale geschoben.

9. Der Schlüssel über dem Einschub für die Sendereinheit wird auf "AUS" gestellt. Alle anderen
   Schlüssel werden nicht betätigt.

Besonders hervorzuheben ist die eindeutige Kompetenzzu-
weisung und Verantwortung eines Mitarbeiters im Falle eines
Alarms. Die Festlegung der Bedienung (Pflege) des Gerätes
hat sich zur Minimierung von Defekten auch in unserer
Befragung als durchaus notwendig erwiesen.

Zur abschließenden Würdigung der Sicherungsarten sind die
Vor- und Nachteile in einer Tabelle übersichtlich zusammengestellt.

Tabelle 25   Bewertungskriterien für Sicherungsarten
             nach Vor- und Nachteilen

	Vorteile	Nachteile
Sicht-weite	- Unmittelbare Hilfe-leistung - Kostengünstig - Hohe Akzeptanz	- Oft praxisfremd, wenn nicht <u>extra</u> 2. Mann eingesetzt wird.
Kontroll-gänge	- Gleichzeitige Produk-tionskontrolle - Geeignet für weniger gefährdete Bereiche - Kommunikationsmög-lichkeiten für Eap-Arbeiter	- Relativ lange Zwischen-zeiten, dadurch ver-längerte Zeit bis zur Hilfeleistung - Wird oft <u>nicht</u> durchgeführt - Kann Arbeitsabläufe stören
Telefon	- Kostengünstig, da Telefonnetz i.d.R. existiert - Anruf i.d.R. von Gleichgestellten, daher kaum Gefühl der Überwachung - Automatische Registrierung der Anrufe technisch möglich (Ersatz für Kontrollbuch) - Willentlicher Hilferuf möglich	- Relativ lange Zeit bis zur Hilfe-leistung - Wird vergessen - Kann Arbeitsabläufe stören

Tabelle 25   Bewertungskriterien für die Sicherungsarten
              nach Vor- und Nachteilen
              (Fortsetzung)

	Vorteile	Nachteile

Sprech-funk	- ständige Kontaktauf-nahme möglich
	- Unfall bei Bewußtsein: Sofortiger Hilferuf
	- Hohe Akzeptanz
	- Weitere Verwendungs-möglichkeiten, da nicht Eap-spezifisch
	- Kombinierbar mit
	  - Not-Ruftaste
	  - Totmannschalter
		- Funkstörungen
		- Kein Vorrang bei einem Unfall
		- Unfall mit Bewußt-losigkeit: Evtl. lange Zeit bis zur Hilfeleistung
		- Ohne Zusatzausrüstung: Keine ausreichende Sicherung im Sinne des § 36 VBG 1

Automat. willensun-abhäng. Systeme	- Willentliche und willensunabhängige Alarmauslösung möglich - Sofortalarm bei einem Unfall - Frühestmögliche Hilfe-leistung	- Hohe Anschaffungs-kosten - Relativ geringe Akzeptanz - Bei ortsungebundenen Eap: Genau einzu-haltender Zeit-/Weg-plan notwendig - I.d.R. nur sinnvoll bei mehreren Eap im Betrieb
Sonstige	- Individuell an Eap angepaßt - Gute Akzeptanz	- I.d.R. nur willent-liche Betätigung

Es bleibt die Frage zu beantworten, ob es sinnvoll ist, die
Möglichkeiten der Sicherung von Einzelarbeitsplätzen unter
dem Aspekt der Betriebsgrößen - unterteilt nach Klein-,
Mittel- und Großbetrieben - differenziert zu diskutieren.
Wie weiter vorn datenanalytisch ersichtlich, werden mit
steigender Betriebsgröße mehr technische Systeme eingesetzt,
während umgekehrt in kleineren Betrieben mehr die Sicherung
durch Sichtweite, Kontrollgänge und Telefonanrufe favorisiert wird. Unabhängig von dieser empirischen Aussage ist
es evident, daß die mit recht hohen Anschaffungskosten verbundenen automatischen, willensunabhängigen Personensicherungssysteme nur dann sinnvoll - beim Kosten/Nutzenvergleich -
sind, wenn in dem Betrieb mehrere Einzelarbeitsplätze mit
dieser Sicherung zu versorgen sind. Dies ist nach den hier
vorliegenden Erfahrungen in der Regel bei Betrieben mit
mehr als 5oo Mitarbeitern der Fall.

Ansonsten erscheint die Betriebsgröße eher zweitrangig,
weil die vorgefundenen Rahmenbedingungen vor Ort weitaus
entscheidender für die Wahl der richtigen Sicherungsmaßnahme sind als die Anzahl der Beschäftigen.

Wichtig ist, bei der Festlegung von organisatorischen
Maßnahmen - z. B. Kontrollgänge, Telefon - ebenfalls eine
Kostenbetrachtung durchzuführen, denn sie bedingen in der
Regel den größeren Zeitaufwand (und haben den größeren
Lästigkeitsgrad) und dies Tag für Tag und Jahr für Jahr
bei dauernd eingerichteten Einzelarbeitsplätzen.

Daß für die Sicherung von Arbeitnehmern an Einzelarbeitsplätzen auch - zum Teil hohe - Kosten entstehen, sollte
nicht verleugnet werden. Andererseits kann durch eine gut

organisierte Sicherheitsarbeit die entstehende unfallbe-
dingte Ausfallzeit für den Mitarbeiter minimiert werden.
Dabei ist bei der Kalkulation zu berücksichtigen, daß die
betrieblichen Unfallkosten pro Tag durchschnittlich
685,78 DM betragen, wie von SCHNEIDER (1984) detailliert
ermittelt und dargestellt wurde. Angesichts dieser immensen
Kosten ist das Suchen nach der optimalen Sicherungsmethode
sinnvoll und erfolgversprechend.

Der Betriebstemperaturbereich sollte Temperaturen zwischen
-20 Grad Celsius und 70 Grad Celsius umfassen, womit die
üblichen Einsatzfälle in aller Regel abgedeckt sind.

Gegen das Eindringen von Fremdkörpern oder Wasser in schäd-
lichem Umfang sind die Geräte in den meisten Fällen in der
Schutzart IP 54 nach DIN 40050 ausgeführt, d. h. sie sind
spritzwasser- und staubgeschützt. Dies ist in allen Fällen
ausreichend in denen der Mitarbeiter keine besondere Schutz-
kleidung tragen muß.

Von gleicher Bedeutung ist die Unempfindlichkeit gegenüber
Stößen und Vibration. Bezüglich der Schockbeanspruchung
wird eine Prüfung mit einer Beschleunigung von 100 g
(g = Erdbeschleunigung) für eine Dauer von 6 ms nach
DIN 40046 Teil 7 als ausreichend angesehen; dies entspricht
einem Aufprall auf eine Buchenholzplatte aus 1 Meter Höhe.

Als Nachweis der Unempfindlichkeit gegenüber Vibration
ist ein Rütteltest mit 0,35 mm Auslenkung und maximal 5 g
bei einer Frequenz von 10 bis 55 Hz anzusehen.

5.3.6 Akzeptanzfördernde Mindestanforderungen

Über die diskutierten rein technischen Mindestanforderungen
hinaus erscheinen einige Überlegungen sinnvoll, wie die
Akzeptanz der Systeme noch verbessert werden könnte.

Rein äußerlich muß das Personensicherungssystem nach Gewicht
und Größe so beschaffen sein, daß es der Träger nicht als zu
schwer und unhandlich empfindet. Dies trifft selbstverständlich nur für die Systeme zu, deren Sender am Körper zu tragen
ist. Ein Gewicht von ca. 250 bis 350 g erscheint dabei recht
akzeptabel.

Für Geräte, die an ortsfesten Standorten eingesetzt werden, ist eine Trennung des Senders, der z. B. fest an einer Wand installiert werden könnte, und eines am Körper zu tragenden Sensors sinnvoll. Der Sender könnte an das normale Stromnetz angeschlossen werden. An völlig abgelegenen Stellen kann eine Verbindung zum Empfänger über Kabel hergestellt werden, sodaß Funkschattenprobleme entfallen. Die kurze Funkverbindung zwischen Sensor und Sender ist unproblematisch.

Gerade neu auf dem Markt erscheinende Systeme können mit Hilfe der elektronischen Datenverarbeitung eine Vielzahl von zusätzlichen Funktionen speichern, die auch der Kontrolle der Person gelten können, wobei nicht nur sicherheitsrelevante Aspekte eine Rolle spielen müssen. Der Sicherheitsingenieur sollte bei der Installierung eines Systems darauf achten, daß nicht ein Gefühl der absoluten Überwachung des Mitarbeiters besteht. Im Interesse der Sicherheit ist es vorteilhafter, die technischen Möglichkeiten eines Systems nicht voll auszunutzen oder auf sie ganz zu verzichten, da die praktischen Erfahrungen zeigen, daß das System ansonsten überhaupt nicht benutzt wird und somit nur eine Alibifunktion erfüllt. Es ist technisch sicher möglich, den Aufenthaltsort einer zu sichernden Person so zu anonymisieren, daß dieser erst im konkreten Alarmfall quasi durch die geschützte Person selbst preisgegeben wird.

Für die Zentrale muß gelten, daß nur der akustische Alarm gelöscht wird. Ansonsten muß der Alarm in irgendeiner Form schon dokumentiert werden - hier bietet die EDV elegante Lösungswege an -, um spätere Behauptungen zu widerlegen, es sei gar kein Alarm ausgelöst worden.

8. <u>A n h a n g   I</u>

Betrieb/Firma:

F r a g e n k a t a l o g

1. Welcher Berufsgenossenschaft bzw. welchem Unfallver-
sicherungsträger ist Ihr Betrieb zuzuordnen?

....

2. Wieviele Mitarbeiter sind in Ihrem Betrieb beschäftigt?

ca. ....

3. Wieviele Einzelarbeitsplätze im Sinne von § 27 ArbStättV
bzw. § 36 UVV 1 (s. Anlage) befinden sich in Ihrem
Betrieb?

ca. ....

4. Wie werden die Einzelarbeitsplätze gesichert?

Bitte geben Sie auch die Anzahl der so gesicherten
Einzelarbeitsplätze an.

( ) Die allein arbeitende Person befindet sich in
Sichtweite anderer Personen.

Anzahl: ....

( ) Die allein arbeitende Person wird durch Kontrollgänge in kurzen Abständen beaufsichtigt.

Anzahl: ....

( ) Die allein arbeitende Person hat in bestimmten
Zeitabständen anzurufen.

Anzahl: ....

( ) Die allein arbeitende Person trägt ein Hilfsgerät (Signalgeber), das drahtlos, automatisch
und willensunabhängig Alarm auslösen kann.

Anzahl: ....

( ) Falls Sonstige:
Bitte kurz die Methode angeben.

Anzahl: ....

Eine zweite Matrix (Punkt II) bewertet den Zustand (Gefährdung) während der Arbeitsdurchführung, der durch die Tätigkeit (z.B. Umgang mit gefährlichen Arbeitsstoffen, mit
Werkzeugen hoher Energie) oder durch die Umgebung (z.B.
spannungsführende Teile in Schaltwarten, Hochdruck- und
Kälteanlagen, Strahlungsbereiche) gegeben ist. Durch Kombination der für den Zustand der Arbeitsdurchführung zu-
treffenden Begriffe von "ungefährlich" und "gefährlich"
ergibt sich eine Bewertung des mit dem Arbeitsauftrag
verbundenen Gefährdungsgrades:

- O = nicht gefährdet (keine Maßnahmen, da keine Über-
  wachungspflicht gegeben)
- 1 = leicht gefährdet (Überwachung erforderlich)

- 2 = gefährdet (Überwachung und ggfs. Maßnahmen
  erforderlich)
- 3 = erhöht gefährdet (Einzelarbeit nicht zulässig).

Wird zum Beispiel bei Punkt I "Eap" und unter Punkt II
der Gefährdungsgrad Nr. 2 angekreuzt, so kann daraus folgende Information abgeleitet werden:

1. Es ist ein Einzelarbeitsplatz,

2. der Eap ist gefährdet,

3. der Eap ist überwachungspflichtig,

4. Einzelarbeit ist noch zulässig.

Die unter Punkt III vorgenommene Differenzierung des Einzelarbeitsplatzes nach ortsfest/ortsbeweglich (in unserem bisherigen Sprachgebrauch = ortsungebunden) erscheint nach
unseren Erkenntnissen um die Variablen

    innerhalb/außerhalb des Betriebes und

    ständig/nur zeitweise installiert

ergänzungsbedürftig, weil sich hieraus Einschränkungen über
die Art der Sicherungsmaßnahmen ableiten lassen.

Unter einem ortsfesten Einzelarbeitsplatz verstehen wir
eine Tätigkeit an einer von der Umgebung abgeschlossenen
Stelle. Ortsbeweglich (=ungebunden) ist ein Einzelarbeitsplatz, wenn eine Tätigkeit in zeitlicher Abfolge an verschiedenen Orten durchgeführt wird.

In Punkt IV werden die Anforderungen an den Einzelarbeiter
aufgeführt, der durch Vorbildung, spezifische Kenntnisse,
Routine und persönliche Eigenschaften - abgeleitet aus den
Erläuterungen zu § 36 Abs. 1 UVV - hierzu besonders befähigt sein muß.

Die Ergebnisse (Punkt V) werden angekreuzt, woraus dann die
zu wählende Sicherungsart abgeleitet wird.

Aus unseren Interviews und den statistischen Analysedaten
haben wir zusammengestellt, welche Sicherungsmaßnahmen sich
für die einzelnen Arten von Einzelarbeitsplätzen am ehesten
anbieten:

1.2   Art der Arbeit:

1.2.1   Herstellung   ( )

1.2.2   Instandhaltung   ( )

1.2.3   Wartung   ( )

1.2.4   Überwachung   ( )

1.2.5   Transport   ( )

1.2.6   Aufseherdienst   ( )

1.2.7   Sonstiges   ( )

1.3   Gefahrenquellen am Eap:

1.3.1   Stürze   ( )

1.3.2   Strom   ( )

1.3.3   Verletzung an Maschinen   ( )

1.3.4   Einatmen von Rauch   ( )

1.3.5   Einatmen von Staub   ( )

1.3.6   Einatmen giftiger Stoffe   ( )

1.3.7   Sprengstoffe   ( )

1.3.8   Verbrennungen   ( )

1.3.9   Verkehrsunfälle   ( )

1.3.10   Sonstiges   ( )

1.4   Berufliche Qualifikation des Einzelarbeiters:

1.4.1   Angelernter oder Hilfskraft   ( )

1.4.2   Facharbeiter   ( )

1.4.3   Techniker oder höher Qualifizierter   ( )

1.4.4   Verschiedene   ( )

- 3 -

2.   Art der Sicherung des Eap:

2.1.a   Sichtweite   ( )

2.1.b   Kontrollgänge   ( )

2.1.c   Anruf in Zeitabständen   ( )

2.2.a   Automatisches, willensunabhängiges System   ( )

2.2.b   Sprechfunk   ( )

2.2.c   Sonstiges

Falls 2.1.a Sichtweite   2.1.b Kontrollgänge   2.1.c Anruf

           ( )   ( )   ( )

   2.1.1 Seit wann ist dieser Eap eingerichtet? 19..

   2.1.2 In welchen Zeitabständen wird angerufen, bzw.
         Kontrollgang gemacht?

   .... stündlich   ( ) unregelmäßig

   2.1.3 Haben Sie den Eindruck, daß diese Kontrollgänge
         tatsächlich durchgeführt werden?

         Ja ( )   Nein ( )   Unregelmäßig ( )

   2.1.4 Welche Erfahrungen haben Sie gemacht?

         gute   eher gute   eher schlechte   schlechte

         ( )   ( )   ( )   ( )

         Gründe: ....

         ....

   2.1.5 Bei wem kommt der Anruf an?

         ....

- 4 -

Bild 27: Flußdiagramm für die Sicherungsorganisation
eines Einzelarbeitsplatzes nach SPERLING

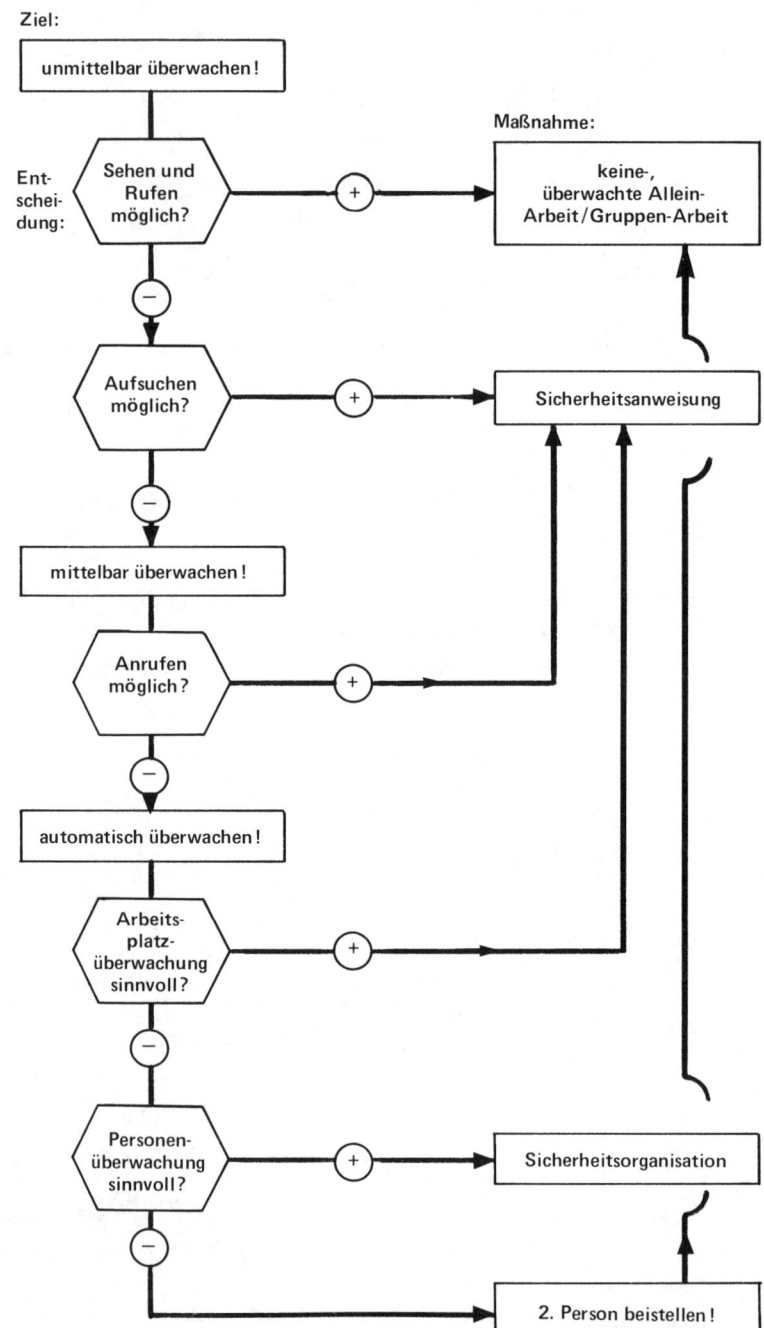

Wie kann nun eine solche Sicherheitsanweisung aussehen?
Am Beispiel eines Laborarbeiters, der außerhalb der normalen
Arbeitszeit am Wochenende tätig wird, soll diese exempla-
risch gezeigt werden:

Vor Arbeitsbeginn meldet sich der Mitarbeiter beim
zuständigen Vorarbeiter. Dieser trägt die Uhrzeit
des Arbeitsbeginns in ein Kontrollbuch ein und ruft
in entsprechenden Zeitabständen, z. B. stündlich
im Labor an. Der Mitarbeiter im Labor hat jeden Anruf im Kontrollbuch einzutragen und sich nach Beendi-
gung seiner Tätigkeit beim zuständigen Vorarbeiter
telefonisch oder mündlich abzumelden und die Uhrzeit im Kontrollbuch einzutragen.

Durch eine schriftliche Anweisung ist sichergestellt,
daß die Anrufe zur festgelegten Zeit tatsächlich erfolgen und in einem Kontrollbuch festgehalten werden.

Die Anweisung lautet wie folgt:

Anweisung zur Personensicherung

Entsprechend den Forderungen für überwachungspflichtige
Einzelarbeitsplätze für das Labor:

Nach UVV 1 § 36 und Arbeitsstättenverordnung § 27 muß
sich der Mitarbeiter vor Arbeitsbeginn beim zuständigen
Vorarbeiter (Schichtführer) oder dessen Stellvertreter
melden.

Sowohl diese Meldung als auch die vereinbarten stündlichen Kontrollanrufe und die Abmeldung nach Beendi-
gung der Tätigkeit müssen in einem Kontrollbuch
(mit Datum, Uhrzeit, Namen) eingetragen werden. Die
stündlichen Kontrollanrufe werden vom Schichtführer
oder dessen Stellvertreter durchgeführt. Die Eintragungen in das Kontrollbuch werden vom Mitarbeiter
im Labor durchgeführt.

2.2.9 Zur Akzeptanz:

(Mehrfachnennungen möglich)

( ) Wird abgelehnt und praktisch nicht benutzt.

( ) Wird als unpraktisch empfunden.

( ) Stört den Arbeitsablauf.

( ) Gefühl der Überwachung.

( ) Notwendiges Übel.

( ) Wird als hilfreich angesehen.

( ) Wird voll akzeptiert.

3. **Unfallgeschehen, Störfälle:**

3.1 Sind in Ihrem Betrieb Stör- bzw. Unfälle am Eap eingetreten?

( ) Ja   Wie oft? ....   ( ) Nie

Wenn ja: Kurze Schilderung des Hergangs:

....

....

....

3.2 Wieviel Zeit ist etwa vom Eintritt des Unfalls bis zur Erstversorgung vergangen?

.... Min.

- 7 -

3.3   Sind aus dem Störfall Konsequenzen gezogen worden?

( ) Ja   ( ) Nein

Wenn ja, welche? ....

....

....

....

Interviewer:

Interviewpartner:

Datum:

Tabelle 25   Bewertungskriterien für Sicherungsarten
nach Vor- und Nachteilen

	Vorteile	Nachteile
Sicht-weite	- Unmittelbare Hilfe-leistung - Kostengünstig - Hohe Akzeptanz	- Oft praxisfremd, wenn nicht <u>extra</u> 2. Mann eingesetzt wird.
Kontroll-gänge	- Gleichzeitige Produk-tionskontrolle - Geeignet für weniger gefährdete Bereiche - Kommunikationsmög-lichkeiten für Eap-Arbeiter	- Relativ lange Zwischen-zeiten, dadurch ver-längerte Zeit bis zur Hilfeleistung - Wird oft <u>nicht</u> durchgeführt - Kann Arbeitsabläufe stören
Telefon	- Kostengünstig, da Telefonnetz i.d.R. existiert - Anruf i.d.R. von Gleichgestellten, daher kaum Gefühl der Überwachung - Automatische Registrierung der Anrufe technisch möglich (Ersatz für Kontrollbuch) - Willentlicher Hilferuf möglich	- Relativ lange Zeit bis zur Hilfe-leistung - Wird vergessen - Kann Arbeitsabläufe stören

Tabelle 25   Bewertungskriterien für die Sicherungsarten
              nach Vor- und Nachteilen
              (Fortsetzung)

	Vorteile	Nachteile

Sprech-funk	- ständige Kontaktauf-nahme möglich
	- Unfall bei Bewußtsein: Sofortiger Hilferuf
	- Hohe Akzeptanz
	- Weitere Verwendungs-möglichkeiten, da nicht Eap-spezifisch
	- Kombinierbar mit
	  - Not-Ruftaste
	  - Totmannschalter
		- Funkstörungen
		- Kein Vorrang bei einem Unfall
		- Unfall mit Bewußt-losigkeit: Evtl. lange Zeit bis zur Hilfeleistung
		- Ohne Zusatzausrüstung: Keine ausreichende Sicherung im Sinne des § 36 VBG 1

Automat. willensun-abhäng. Systeme	- Willentliche und willensunabhängige Alarmauslösung möglich - Sofortalarm bei einem Unfall - Frühestmögliche Hilfe-leistung	- Hohe Anschaffungs-kosten - Relativ geringe Akzeptanz - Bei ortsungebundenen Eap: Genau einzu-haltender Zeit-/Weg-plan notwendig - I.d.R. nur sinnvoll bei mehreren Eap im Betrieb
Sonstige	- Individuell an Eap angepaßt - Gute Akzeptanz	- I.d.R. nur willent-liche Betätigung

10. Anhang III

Die gewerblichen Berufsgenossenschaften und ihre Gliederung nach Wirtschaftszweigen

Nummer	Wirtschaftszweig	BG-Nr.	Berufsgenossenschaft
I	Bergbau	* 1	Bergbau-Berufsgenossenschaft
II	Steine und Erden	2	Steinbruchs-Berufsgenossenschaft
		3	Berufsgenossenschaft der keramischen und Glas-Industrie
III	Gas und Wasser	4	Berufsgenossenschaft der Gas- und Wasserwerke
IV	Eisen und Metall	5	Hütten- und Walzwerks-Berufsgenossenschaft
		6	Maschinenbau- und Kleineisenindustrie-Berufsgenossenschaft
		7	Nordwestliche Eisen- und Stahl-Berufsgenossenschaft
		8	Süddeutsche Eisen- und Stahl-Berufsgenossenschaft
		9	Süddeutsche Edel- und Unedelmetall-Berufsgenossenschaft
V	Feinmechanik und Elektrotechnik	10	Berufsgenossenschaft der Feinmechanik und Elektrotechnik
VI	Chemie	11	Berufsgenossenschaft der chemischen Industrie
VII	Holz	12	Holz-Berufsgenossenschaft
VIII	Papier und Druck	14	Papiermacher-Berufsgenossenschaft
		15	Berufsgenossenschaft Druck und Papierverarbeitung
IX	Textil und Leder	16	Lederindustrie-Berufsgenossenschaft
		17	Textil- und Bekleidungs-Berufsgenossenschaft
X	Nahrungs- und Genußmittel	18	Berufsgenossenschaft Nahrungsmittel und Gaststätten
		19	Fleischerei-Berufsgenossenschaft
		20	Zucker-Berufsgenossenschaft
XI	Bau	21	Bau-Berufsgenossenschaft Hamburg
		22	Bau-Berufsgenossenschaft Hannover
		23	Bau-Berufsgenossenschaft Wuppertal
		24	Bau-Berufsgenossenschaft Frankfurt
		25	Südwestliche Bau-Berufsgenossenschaft
		26	Württembergische Bau-Berufsgenossenschaft
		27	Bayerische Bau-Berufsgenossenschaft
		28	Tiefbau-Berufsgenossenschaft
XII	Handel und Verwaltung	29	Großhandels- und Lagerei-Berufsgenossenschaft
		30	Berufsgenossenschaft für den Einzelhandel
		31	Verwaltungs-Berufsgenossenschaft
XIII	Verkehr	32	Berufsgenossenschaft der Straßen-, U-Bahnen und Eisenbahnen
		33	Berufsgenossenschaft für Fahrzeughaltungen
		34	See-Berufsgenossenschaft
		35	Binnenschiffahrts-Berufsgenossenschaft
XIV	Gesundheitsdienst	36	Berufsgenossenschaft für Gesundheitsdienst und Wohlfahrtspflege

*
unberücksichtigte Wirtschaftszweige bzw. Berufsgenossenschaften

Stand: 1984   Zahl der Versicherten in den Unternehmen bei den gewerblichen Berufsgenossenschaften mit.

BG Nr.	Träger der gesetzlichen Unfallversicherung	Versicherte bis 9	Versicherte 10 - 19	Versicherte 20 - 49	Versicherte 50 - 99	Versicherte 100 - 199	Versicherte 200 - 499	Versicherte 500 - 999	Versicherte 1000 u.mehr	Versicherte insgesamt	BG Nr.
01	Bergbau-BG	242	298	1.127	1.292	1.895	6.713	15.249	201.950	228.766	01
02	Steinbruch-BG	11.811	15.985	27.958	24.747	20.467	16.853	12.869	24.086	154.776	02
03	BG der keram. und Glas-Industrie	10.253	9.964	23.246	22.442	24.068	44.206	53.401	42.304	229.884	03
04	BG der Gas- und Wasserwerke	10.868	7.235	10.485	10.690	11.917	18.529	17.035	29.032	115.791	04
05	Hütten- und Walzwerks-BG	29	165	519	926	2.704	12.825	18.002	166.187	201.357	05
06	Maschb. u. Kleineisenindustrie-BG	73.674	61.063	103.555	87.269	97.190	141.557	106.452	271.430	942.190	06
07	Nordwestliche Eisen- und Stahl-BG	45.938	38.757	54.632	44.900	38.380	62.339	46.336	212.005	543.287	07
08	Süddeutsche Eisen- und Stahl-BG	112.722	91.824	137.464	99.980	113.493	153.938	124.891	635.838	1.470.150	08
09	Südd. Edel- und Unedelmetall-BG	8.989	10.002	20.525	16.802	24.016	36.138	20.714	72.840	210.026	09
10	BG d. Feinmechanik u. Elektrotechnik	178.041	124.526	149.427	104.842	165.291	169.699	208.696	858.673	1.959.195	10
11	BG der chemischen Industrie	15.457	19.153	42.768	47.578	70.260	117.664	103.454	456.054	872.388	11
12	Holz-BG	135.848	74.879	78.440	51.973	52.819	69.549	31.120	17.356	511.984	12
14	Papiermacher-BG	200	261	1.195	2.855	5.961	19.578	18.387	14.760	63.197	14
15	BG Druck und Papierverarbeitung	55.437	42.870	69.998	56.611	63.530	99.011	57.014	159.514	603.985	15
16	Lederindustrie-BG	22.310	9.495	12.179	10.099	11.090	14.066	8.721	15.451	103.411	16
17	Textil- und Bekleidungs-BG	121.524	44.487	90.812	95.659	92.797	121.669	57.325	20.041	644.314	17
18	BG Nahrungsmittel und Gaststätten	489.280	210.655	173.112	91.286	88.140	106.036	67.091	74.119	1.299.719	18
19	Fleischerei-BG	96.225	45.906	29.617	17.572	14.431	18.541	13.196	11.851	247.339	19
20	Zucker-BG	30	17	221	918	3.310	8.371	1.591	-	14.458	20
21	Bau-BG Hamburg	27.262	19.830	29.237	19.691	18.400	18.475	5.081	2.774	140.750	21
22	Bau-BG Hannover	85.298	60.441	65.695	36.144	27.899	25.899	11.944	5.277	318.597	22
23	Bau-BG Wuppertal	132.672	77.306	86.653	55.026	41.492	32.908	20.902	24.793	471.752	23
24	Bau-BG Frankfurt a.M.	46.333	29.564	40.618	18.352	19.243	16.333	5.785	11.610	187.838	24
25	Südwestliche Bau-BG	48.809	38.244	39.474	24.122	19.471	18.649	14.277	1.641	204.687	25
26	Württembergische Bau-BG	57.870	31.410	32.920	22.178	15.894	16.233	4.217	7.452	188.174	26
27	Bayerische Bau-BG	78.232	61.948	78.150	47.984	34.488	33.565	20.483	12.668	367.518	27
28	Tiefbau-BG	15.493	20.339	43.859	48.978	54.176	49.986	26.233	42.261	301.325	28
29	Großhandels- und Lagerei-BG	193.233	145.647	223.992	185.740	175.487	175.750	88.729	125.930	1.314.508	29
30	BG für den Einzelhandel	495.207	118.916	117.885	76.250	70.578	92.973	78.338	431.080	1.481.227	30
31	Verwaltungs-BG	381.880	239.039	262.361	183.652	171.992	212.803	148.671	1.314.718	2.915.116	31
32	BG d. Straßen-, U- und Eisenbahnen	4.321	2.378	3.613	4.322	6.553	10.772	19.609	66.279	117.847	32
33	BG für Fahrzeughaltungen	228.029	75.095	94.064	52.432	39.922	39.773	16.828	28.646	574.789	33
34	See-BG	6.637	4.811	5.186	3.530	7.194	7.058	3.495	6.327	44.238	34
35	Binnenschiffahrts-BG	7.023	2.640	3.697	2.178	2.678	2.888	2.685	4.705	28.494	35
36	BG f. Gesundheitsd. u. Wohlpfl.	692.647	127.198	135.525	108.254	127.390	226.168	125.085	93.047	1.635.314	36
	Summe:	3.889.824	1.862.348	2.290.209	1.677.274	1.734.616	2.217.515	1.573.906	5.462.699	20.708.391	

11. Anhang IV

Bestehende Sicherheitsvorschriften zum

Einzelarbeitsplatz*

1) Verordnung über Arbeitsstätten (Arbeitstättenver-
   ordnung - ArbStättV) vom 20.03.1975 (zuletzt geändert
   durch die Verordnung vom o1.o8.1983).

§ 27

Arbeitsplätze mit erhöhter Unfallgefahr

An Einzelarbeitsplätzen mit erhöhter Unfallgefahr,
die außerhalb der Ruf- und Sichtweite zu anderen
Arbeitsplätzen liegen und nicht überwacht werden,
müssen Einrichtungen vorhanden sein, mit denen im
Gefahrfall Hilfspersonen herbeigerufen werden können.

2) Unfallverhütungsvorschrift (VBG 1) vom 1.4.1977/1.1o.1984

§ 36

Gefährliche Arbeiten

1. Gefährliche Arbeiten dürfen nur geeigneten Personen,
   denen die damit verbundenen Gefahren bekannt sind,
   übertragen werden.
2. Wird eine Arbeit von mehreren Personen gemeinschaft-
   lich ausgeführt und erfordert sie zur Vermeidung
   von Gefahren eine gegenseitige Verständigung, so
   muß eine zuverlässige, mit der Arbeit vertraute
   Person die Aufsicht führen.
3. Wird eine gefährliche Arbeit von einer Person allein
   ausgeführt, so hat der Unternehmer eine Überwachung
   sicherzustellen, insbesondere hat er dafür zu sorgen,
   daß
   - sich die allein arbeitende Person bei Durch-
     führung der Arbeiten in Sichtweite zu anderen
     Personen befindet,
   - die allein arbeitende Person durch Kontrollgänge
     in kurzen Abständen beaufsichtigt wird,

*Weitere Vorschriften siehe Zusammenstellung im
BAU-Forschungsbericht Nr. 326

- ein zeitlich abgestimmtes Meldesystem eingerichtet wird, durch das ein vereinbarter, in
bestimmten Zeitabständen zu wiederholender Anruf
erfolgt

oder

- von der allein arbeitenden Person ein Hilfsgerät
(Signalgeber) getragen wird, das drahtlos, automatisch und willensunabhängig Alarm auslöst,
wenn es eine bestimmte Zeitdauer in einer defi-
nierten Lage verbleibt (Zwangshaltung der Person).

Durchführungsanweisungen

Zu § 36 Abs. 1

Gefährliche Arbeiten sind z. B. Schweißen in engen Räumen,
Befahren von Behältern oder engen Räumen, Befahren von
Silos und Bunkern, Feuerarbeiten in brand- oder explosions-
gefährdeten Bereichen oder an geschlossenen Hohlkörpern,
Druckproben und Dichtigkeitsprüfungen an Behältern, Er-
probung von technischen Großanlagen wie Kesselanlagen,
Sprengarbeiten, Arbeiten in gasgefährdeten Bereichen.

Siehe auch UVV "Elektrische Anlagen und Betriebsmittel"
(VBG 4).

Die Hütten- und Walzwerks-Berufsgenossenschaft,
Maschinenbau- und Kleineisenindustrie-Berufsgenossenschaft,
Nordwestliche Eisen- und Stahl-Berufsgenossenschaft,
Süddeutsche Eisen- und Stahl-Berufsgenossenschaft,
Süddeutsche Edel- und Unedelmetall-Berufsgenossenschaft

haben hinter dem vorletzten Satz eingefügt:

- Arbeiten in gasgefährdeten Bereichen, wie z. B.
im Bereich der Hochofengicht,
an Gasumsetzern und Gichtgasleitungen und
an und in Räumen, die gefährliche Stoffe enthalten oder enthalten haben.

und Durchführungsanweisungen zu Abs. 3 angehängt:

Zu § 36 Abs. 3: In einzelnen Unfallverhütungsvorschriften
ist die Ausführung gefährlicher Arbeiten von einer Person
allein untersagt, z. B.

- im Bereich der Hochofengicht, an Gasumsetzern und
Gichtgasleitungen (s. § 32 Unfallverhütungsvorschrift
"Hochöfen, Direktreduktionsschachtöfen und Gichtgas-
leitungen" (VGB 28),

- beim Befahren von Silos und Bunkern (siehe § 12 Unfallverhütungsvorschrift "Silos und Bunker" (VBG 112).

Zum § 36 Abs. 1 wird noch eine berufsgenossenschaftliche
Erläuterung gegeben:

Wir er-   Was "gefährliche Arbeiten" sind, richtet sich
läutern   nach der Art des Betriebes, der Art der Arbeiten,
§ 36   dem hergestellten Erzeugnis, der "allgemeinen
Abs. 1   Verkehrsauffassung". Der Fachmann wird wissen,
Mitar-   was gefährlich ist. Grundsätzlich wird man sagen
beiter   können:
muß ge-
eignet   Die üblichen betrieblichen Arbeiten (z. B. Schweißen,
sein   Transportarbeiten, Arbeiten an elektrischen An-
          lagen unter Beachtung der 5 Sicherheitsregeln)
          gelten in der Regel nicht als "gefährliche Arbeiten",
          wenn sie vom "Fachmann" mit ausreichenden Kennt-
          nissen ausgeführt werden.
          Allerdings: Werden Arbeiten unter besonderen Be-
          dingungen durchgeführt, (z.B. Schweißen in engen
          Räumen, Transport sehr großer, sperriger und be-
          sonders schwerer Werkstücke, Arbeiten an unter
          Spannung stehenden elektrischen Anlagen) so werden
          auch "einfache" Arbeiten zu "gefährlichen Arbeiten".

          Mit solchen Arbeiten dürfen nur die Mitarbeiter
          betraut werden, die hierzu durch Vorbildung,
          Kenntnisse, Berufserfahrung, persönliche Eigen-
          schaften befähigt sind. Der Vorgesetzte muß ge-
          eignete Mitarbeiter aussuchen, einweisen (auch
          belehren) und beaufsichtigen.

§ 36   Wenn zwei oder mehrere Mitarbeiter gemeinsam
Abs. 2   arbeiten, muß einer "das Sagen" haben. Deshalb
Ein Mit- muß der Vorgesetzte den richtigen Mitarbeiter
arbeiter auswählen und ihm die erforderlichen Kompetenzen
führt   und die Aufsichtsbefugnis über andere Mitarbeiter
Auf-   übertragen. Nur der Einsatz einer Aufsichts-
sicht   person bietet die Gewähr dafür, daß auch ohne
          persönliche Aufsicht durch den Vorgesetzten
          sicher gearbeitet wird.

          Der Vorgesetzte, der eine Aufsichtsperson be-
          stimmt, trägt die

          - Auswahlverantwortung
            (Auswahl einer zuverlässigen, mit der Arbeit
            vertrauten Person)

          - Organisationsverantwortung
            (ermächtigen, einweisen, Kompetenzen geben)

          - Aufsichtsveranwortung
            (sich durch Stichproben davon zu überzeugen,
            daß der Aufsichtsführende sich auch richtig
            verhält).

§ 36
Abs. 3
heits-
maß-
nahmen
für
allein
arbei-
tende
Mitar-
beiter

Grundsätzlich sollte eine "gefährliche Arbeit" nicht von einer Person allein ausgeführt werden. Das wird sich jedoch nicht immer vermeiden lassen. Deshalb sind vier Varianten niedergelegt, um dennoch zu erreichen, daß ein allein arbeitender Mitarbeiter weitgehend geschützt ist.

Entweder
- "Sichtweite"

oder

- "Kontrollgänge"
- "Meldesystem"
- "automatische Signalgebung"

Die Regelung ist nicht abschließend. Das Wort "insbesondere" sagt, daß der Unternehmer auch eine andere gleichwertige Regelung wählen kann.

Weitere Literatur: Forschung

Fb 453: H.-J. Schmidt-Clausen, J. E. Hartge:
Einflüsse gerichteter und diffuser Arbeitsplatzbeleuchtung auf die Erkennbarkeit
54 Seiten, 21 Abb., 1986 DM 11,—

Fb 456: W. Eckstein, V. Schier, R. Cäsar:
Arbeitsbedingungen d. Personals an Schlachthöfen (PT-HdA)
84 Seiten, 30 Abb., 1986 DM 14,50

Fb 458: W. Streich:
Bilanz der Schichtarbeitsforschung
248 Seiten, zahlr. Abb., 1986 DM 29,50

Fb 459: T. Kunz:
Unfälle in Kindergärten
48 Seiten, 1986 DM 10,—

Fb 464: M. Beimel, L. Maier:
Optimierung von Gebrauchsanweisungen
132 Seiten, zahlr. Abb., 2. Aufl., 1987 DM 23,—

Fb 465: K. Kuhn, H.-J. Schulz:
Ansätze einer Arbeitsschutzberichterstattung
68 Seiten, 5 Abb., 1986 DM 12,50

Fb 469: H.-M. Henken, M. Kliem, J.-H. Kirchner:
Sicherheitsgerechte Gestaltung von Turngeräten und Geräteräumen für Schulen
500 Seiten, 299 Abb., 1986 DM 45,—

Fb 471: B. Kasparek:
Der Einfluß von Arbeitsstrukturen auf die Arbeitssicherheit
362 Seiten, 69 Abb., 1986 DM 36,50

Fb 472: H. Luczak, G. Eguez, H. J. Fuchs, B. Hagemann, K. Meyer, B. Müller-Schwenn, H.-J. Schmellenkamp, H. Schmidt, M. Schütte, W. Schwier, D. Bruce Thomas, S. Tiez:
Ergonomische Gestaltung von Schiffsarbeitsplätzen
362 Seiten, 109 Abb., 1986 DM 36,50

Fb 474: H. Schneider:
Unternehmen und darin tätige Fremdfirmen
88 Seiten, 1986 DM 15,50

Fb 475: B. Spannhake:
Betriebliche Organisation und Durchführung des Arbeitsschutzes auf Baustellen des Hochbaus
86 Seiten, zahlr. Abb., 1986 DM 15,50

Fb 478: Band I: F. Schwarz, V. Volkholz:
Krankenkassendaten und arbeitsbedingte Erkrankungen
Teil A: *Berufliche und berufsspezifische Arbeitsunfähigkeitsquoten im interregionalen und intertemporalen Vergleich*
184 Seiten, 1986 DM 25,—

Fb 478: Band II: V. Volkholz, R. Schürmann:
Krankenkassendaten und arbeitsbedingte Erkrankungen
Teil B: *Indikatoren der Arbeitsqualität – Entwicklung eines Analyseinstruments (Arbeitsbericht)*
332 Seiten, 1986 DM 34,50

Fb 483: W. Hagen, A. Pauwels, W. Suttrop, O. Wichert:
Rechnergestützte Arbeitssicherheit
224 Seiten, zahlr. Abb., 1986 DM 34,—

Fb 484: M. Weck, H. Schönbohm:
Sicherheitseinrichtungen für programmierbare Handhabungsgeräte – Industrieroboter
144 Seiten, 41 Abb., 1986 DM 21,—

Fb 487: A. Kirchner, M. Kliem, V. Helms, J.-H. Kirchner:
Handgeführte Wagen – Sicherheitsgerechte Gestaltung und Einsatz
280 Seiten, 130 Abb., 1986 DM 31,50

Zu beziehen durch:

Wirtschaftsverlag

nw ◆

Verlag für neue Wissenschaft GmbH

Postfach 10 11 10
Am Alten Hafen 113–115
2850 Bremerhaven 1
Telefon (04 71) 4 60 93–95

Weitere Literatur: Forschung

Fb 491: E. Voigt:
Tätigkeitsstrukturen an Werkzeugmaschinen verschiedener Automatisierungsstufen
156 Seiten, 62 Abb., 1986 — DM 22,50

Fb 493: U. Brucks, W.-B. Wahl:
Berufliche Weiterbildung für ausländische Arbeitnehmer/innen − Erfahrungen, Modelle und Perspektiven der betrieblichen und berufsbezogenen Arbeiterbildung − (PT-HdA)
200 Seiten, 1986 — DM 26,50

Fb 494: J. E. Bandera, P. Kern, J. J. Solf:
Leitfaden zur Auswahl, Anordnung und Gestaltung von kraftbetonten Stellteilen
164 Seiten, zahlr. Abb., 1986 — DM 22,50

Fb 495: H. Miska:
Organisation und Codierung von Bildschirminformationen für Überwachungstätigkeiten
328 Seiten, zahlr. Abb., 1987 — DM 46,50

Fb 496: M. Weck, H.-G. Mayrose:
Sichere Nachrüstung konventioneller Werkzeugmaschinen für die Hochgeschwindigkeitsbearbeitung
284 Seiten, zahlr. Abb., 1987 — DM 31,50

Fb 498: H. Vajen:
Kleine Besatzungen und Deckshausgestaltung
548 Seiten, zahlr. Abb., 1987 — DM 48,—

Fb 499: K. P. Knabe, A. G. Fleischer:
Fallbeispiele Textverarbeitung
396 Seiten, zahlr. Abb., 1987 — DM 38,50

Fb 500: W.-J. Gerasch, R. Thiede:
Dynamische und statische Untersuchung einer Überladebrücke zur Ermittlung eines Schwingbeiwertes − Teil I
44 Seiten, 18 Abb., 1987 — DM 11,50

Fb 501: W. Eudenbach, B. Marquardt, W. Wegener, D. H. Schmidt:
Verbesserung der Arbeitsbedingungen in Gesenkschmieden (PT-HdA)
316 Seiten, 128 Abb., 1987 — DM 33,50

Fb 502: H. Huber:
Werkzeugbefestigungen bei Druckluftschraubern
52 Seiten, 16 Abb., 1987 — DM 12,—

Fb 503: E. Frieling, H. Klein, W. Schliep, R. Scholz:
Gestaltung von CAD-Arbeitsplätzen und ihrer Umgebung (PT-HdA)
128 Seiten, 30 Abb., 1987 — DM 19,50

Fb 505: J.-P. Harbrecht:
Arbeits- und Lebensbedingungen in der deutschen Hochseefischerei
336 Seiten, Abb., 1987 — DM 34,50

Fb 506: J. Friedrich, K.-D. Jansen, N. Kaup, R. Laubrock, Th. Manz:
Zukunft der Bildschirmarbeit
372 Seiten, Abb., 1987 — DM 37,—

Fb 512: T. Kiesmüller, F. Weltz, H. Bollinger, F. Ehrmüller, T. Sahelijo:
Arbeitsstrukturierung in typischen Bürobereichen eines Industriebetriebes (ASTEX) − Praktische Lösungsansätze bei technisch-organisatorischen Veränderungen aus einem Pilotprojekt
292 Seiten, 29 Abb., 1987 — DM 32,50

Zu beziehen durch:

Wirtschaftsverlag
nw
Verlag für neue Wissenschaft GmbH

Postfach 10 11 10
Am Alten Hafen 113−115
2850 Bremerhaven 1
Telefon (04 71) 4 60 93−95

Weitere Literatur:
Forschung
Tagungsberichte

Fb 514:   K. Wieland:
Grundlagen einer Methodologie zur Arbeitsplatzgestaltung bei Leistungswandlung und Behinderung
144 Seiten, Abb., 1987   DM 21,—

Tb 4:   M. Hagenkötter:
Soziale Einflüsse und Häufigkeit der Arbeitsunfälle im Ruhrbergbau
96 Seiten   DM 18,75

Tb 5:   W. Ahrendt:
Mehr Lebensqualität durch Arbeitsschutz und Arbeitswissenschaft
32 Seiten   DM 7,50

Tb 6:   H. Rehhahn:
Umrisse einer betrieblichen Sicherheitsstrategie und deren Organisation
232 Seiten   DM 33,50

Tb 7:   M. Hagenkötter:
Bemerkungen und Thesen zum Arbeitsschutz
48 Seiten   DM 13,50

Tb 9:   *Humane Arbeitsplätze*
Angewandte Arbeitswissenschaften − Ergonomie
276 Seiten   DM 35,—

Tb 13:   *Deutsches Arbeitsschutzmaterial in Fremdsprachen*
96 Seiten   DM 18,75

Tb 15:   A. Mertens:
Der Arbeitsschutz und seine Entwicklung
228 Seiten   DM 32,—

Tb 17:   R. D. Herzberg:
Strafrechtl. Verantwortung d. Fachkräfte f. Arbeitssicherheit
44 Seiten   DM 12,50

Tb 19:   *Moderne Arbeitsstätten*
191 Seiten   DM 28,—

Tb 20:   *Ernährungsprobleme und Arbeitsschutz*
45 Seiten   DM 13,—

Tb 23:   U. Völkening:
Unfallentwicklung und -verhütung im Bergbau des Deutschen Kaiserreiches
146 Seiten   DM 27,—

Tb 25:   A. Mertens:
Der Arbeitsschutz auf dem Prüfstand
360 Seiten   DM 48,—

Tb 26:   *Der Arbeitsschutz im industriellen Produktionsbereich*
131 Seiten   DM 25,50

Tb 27:   *Logistik und Arbeitsschutz*
212 Seiten   DM 32,—

Tb 28:   *Frauenarbeitsplätze*
142 Seiten   DM 26,—

Tb 31:   *Streß am Arbeitsplatz*
256 Seiten   DM 42,—

Tb 35:   *Arbeitsschutz an Bord von Seeschiffen*
Fachkonferenzreihe in Bremen
444 Seiten   DM 48,50

Tb 40:   *Humanisierung des Arbeitslebens in der Forstwirtschaft − Vorträge einer Informationstagung in Dortmund*
242 Seiten, 79 Abb.   DM 29,50

Zu beziehen durch:

Wirtschaftsverlag
nw
Verlag für neue Wissenschaft   GmbH

Postfach 10 11 10
Am Alten Hafen 113−115
2850 Bremerhaven 1
Telefon (04 71) 4 60 93−95

Weitere Literatur:
Tagungsberichte

Tb 41: *Arbeitsschutz, Humanisierung des Arbeitslebens, Wirtschaftlichkeit – Vorträge einer Informationstagung in Dortmund*
372 Seiten   DM 36,50

Tb 44: *Alternativen zum „Heuern und Feuern" (PT-HdA) Qualifizierung ausländischer Arbeitnehmer im Betrieb Informationstagung vom 17. bis 19. Mai 1985*
116 Seiten, 1986   DM 19,—

Tb 45: *Nutzung von Daten der Kranken- und Sozialversicherung – Kolloquium am 24. 9. 85, Dortmund*
220 Seiten, 8 Abb., 1986   DM 28,—

Fa 4: H. Schneider:
Die betrieblichen Unfallkosten – dargestellt an 20 Beispielen aus der Praxis
230 Seiten, dreifarb., zahlr. Abb. u. 5 farb. Falttafeln, 1986
     DM 36,—

Sonderschriften

S 6: M. Hagenkötter, H. G. Koch, A. Herzmann:
Auf dem Wege zu einer Theorie des Arbeitsschutzes
24 Seiten und 3 Falttafeln   DM 12,75

S 17: R. Röbke:
Beispiele ergonomischer Arbeits- und Produktgestaltung
148 Seiten   DM 21,—

S 19: M. Haselhorst, J. Obst:
Bilanzierung der Arbeitsschutzforschung der Bauindustrie
256 Seiten   DM 30,—

S 20: P. Busse:
Beleuchtung von Arbeitsplätzen – Bilanzierung der Arbeitsschutzforschung 1984
164 Seiten, 1985   DM 23,—

S 22: W. Männel, W. Becker, D. Kalaitzis, M. Amon:
Planmäßige Instandhaltung unter besonderer Berücksichtigung von Sicherheits- und Arbeitsschutzaspekten – Bibliographie
164 Seiten, 1986   DM 23,—

E. Ott, A. Boldt:
Wörterbuch zur Humanisierung der Arbeit
476 Seiten   DM 15,—

Handbuch zur Humanisierung der Arbeit
2 Bände, ca. 1100 Seiten   DM 86,—

Zu beziehen durch:

Wirtschaftsverlag
nw
Verlag für neue Wissenschaft   GmbH

Postfach 10 11 10
Am Alten Hafen 113–115
2850 Bremerhaven 1
Telefon (04 71) 4 60 93–95